食の危機と農の再生

その視点と方向を問う

祖田　修

三和書籍

はしがき

農業と食の在り方は、もはや切り離して論じることはできなくなった。

食料の量、食品の質に関して、国際化すればするほど安全安心の度合いが不安定になることを消費者は理解しつつあるし、生産者はまたそれに応えなければ自らの未来がないことが分かってきたからである。

だが農業は、消費者の求める安価・安全・美味という、三拍子そろった理想の食品を、そう簡単に供給できるものではない。特に日本農業は小規模経営で、とりわけアメリカ・カナダ・オーストラリア等々の新大陸型大農圏農業に対して、価格競争上の圧倒的な弱点を持っている。一般に日本農業の生産物が相対的に高いのは、農業者の質が劣るわけでも、努力が足りないわけでもない。世界有数の生産技術を持ちながら、規模拡大の限界に大きく制約されているのである。

生産者はこの弱点を、安全安心、美味という点で補ってはいるのだが、国内では消費者はつい安さに惹かれ、国際的に見たときにはＷＨＯほか農産物貿易交渉の場を支配するのは、大農圏諸国による市場原理優先の論理である。二一世紀最大の課題といえる地球温暖化問題や生活環境問題を考えるとき、単に価格の高低のみによって、世界の農業生産配置図が決定されてよいのかというと、そうは思われない。何としても国民の、そして世界の人々の、後のない環境問題への自覚と、小農圏農業への理解が不可欠なのである。

そしてもう一つの問題は、政治をめぐる姿勢である。ともすれば、長く「水田は票田」という場当たり的な政治が横行し、他方残念ながら農家の側も後継者がおらず農業に展望を欠く農家や単なる農地維持的農業が多くなり、補助金などくれるものはもらったほうがよいという目先の利害にとらわれがちである。

本書では、このような一見大盤振る舞いの安直で一点豪華主義的な農政や、目先にとらわれ易い農家の姿勢を排し、農業・農村と農政の未来を考えたい。農業をめぐる議論もまた空を切りつつあり、一面的で受けをねらった視点からのものが横行しつつある。このままでは食も農業も崩壊してしまう。いや崩壊しつつあるといえよう。環境問題をはじめ、人口と食料、食品の安全安心、農業経営の担い手不足、農林水産業の多面的機能、鳥獣害問題、都市と農村のあり方、食農教育、農産物貿易交渉の現実等々、農業を取り巻く多様で複雑な問題について、私たちは広くかつ長期的な視点から、一つずつその本質を解きほぐし、総合し、その再構築に取り掛からなければならない。

本書の内容は、以上のような筆者の切なる願いと視点に立ったものである。幸いにして多くの読者を得、議論の質が高まり、日本農業の行方に希望の光が見えてくるよう、少しでも寄与できれば、これに優る喜びはない。

二〇一〇年八月　　童仙房の里にて

食の危機と農の再生　目次

第1章　農業の発展と問題——人は飢えずに環境を守れるか

第4章 日本農業経営の再生——「生涯産業」としての農業

第8章　作業教育、食農教育の思想――菜園の力（レプケ）

第9章 自由貿易の限界と持続的地域の形成
――場所性の復権

第10章　農業と文明のゆくえ
――「着土」の世界へ

第1章　農業の発展と問題

——人は飢えずに環境を守れるか

人間は食べなければ生きられない。地球人口が膨張を続ける中にあって、農業生産は拡張に次ぐ拡張をしなければならない。一方で工業を含む生産・消費をめぐる人間の経済活動レベルが高まり、環境上の問題が許容限界に達しつつある。かつて気にかけなくて済むものの代表として、「空気のような」、「湯水のように」などと表現してきたその清浄な空気や水は、今や希少価値をもつ売買取引の対象になってきた。このような変化にどう対応するか、二一世紀における食と農は、いま多くの問題を抱える重大局面にあるといわなければならない。

工業の発展、そして世界規模の人口増加と農業生産、食料消費の膨張は、環境に大きな負荷を与え、もはや後のない状態になっている。人類は自ら自己抑制し、おこがましいことであるが、自然を「管理」し、最大可能な自然との共生の道を探って行くほかに、未来はない。

1　人口の爆発そして物的欲望の爆発

農業革命と産業革命

世界人口は、農法の変革による農業革命、そして蒸気機関や各種機械の発明による産業革命の

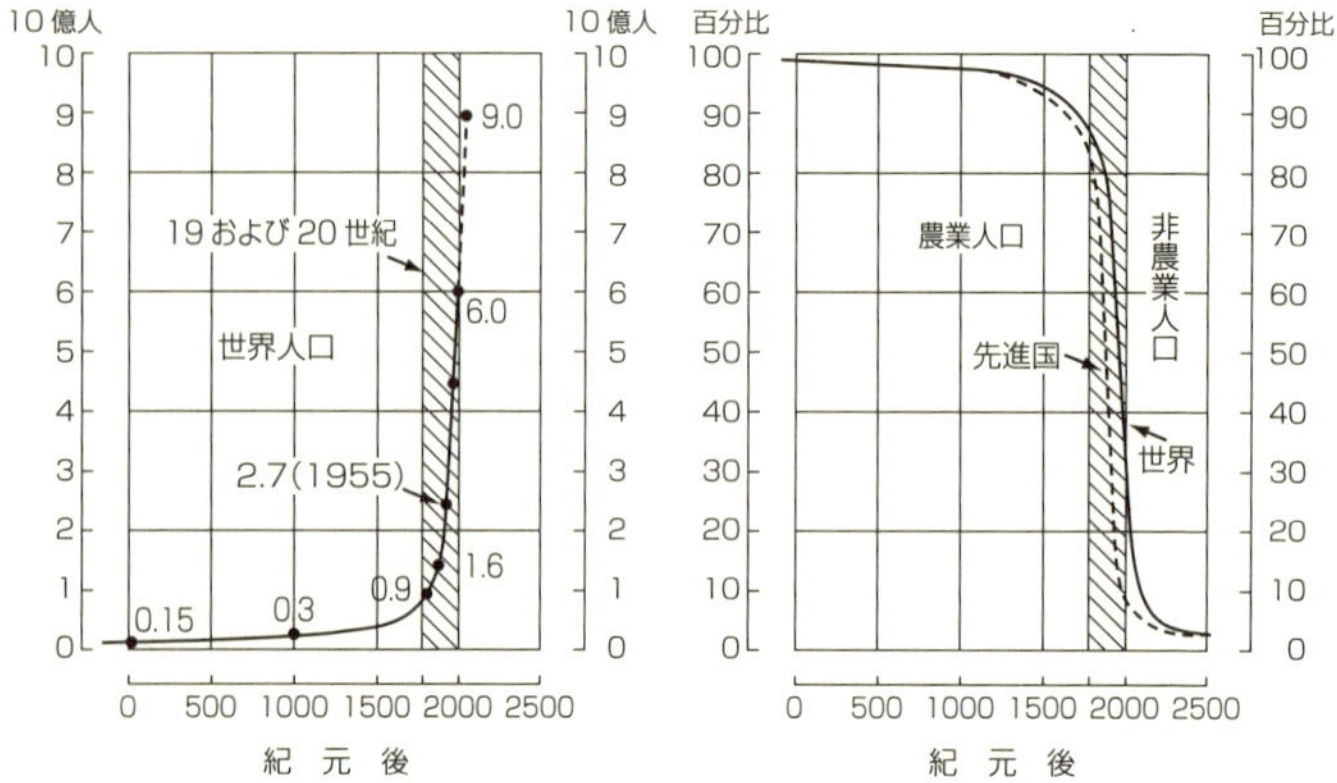

図 1　世界人口、農業人口の推移

出典：ハウスホーファー『近代ドイツ農業史』三好・祖田訳、未来社、1973 年、8 頁に若干手を加えた。

展開とともに急上昇した。図1のように、不謹慎な言い方だが、近代に入ってあたかもバッタの大発生のような、「人類の大発生」ともいえる現象が起った。二〇一〇年には、世界人口は約七〇億人に達すると見込まれている。そして二一世紀半ばには九〇億人を超えることが、ほぼ確実である。その後は、先進国の人口減少に見られるように、世界人口も横ばいから減少に向かうかもしれない。しかしこの先数十年に限っても、食料需要だけでなく、農工商にわたる九〇億人の高度の生産・消費活動と資源・エネルギーの大量消費を考えると、二一世紀は容易ならざる時代であることが想定される。

　人口増加や商工業の発展と並行して、総生産額中の農業生産額の比率は低下する。総就業人口中の農業就業人口比率も急速に低下し、現在先進工業諸国ではせいぜい三％前後にすぎない。きわめてわずかな農業就業人口で、爆発する人口を養っているのである。近代とは急激な人口増加と食の膨張、次いで物的欲望の拡大の時代であり、そしてそれは食料、工業原料農産物を含めて、農業生産力上昇の時代を意味した。農業革命と産業革命はまさに相互補完的に進んだのである。

農産物消費上の変化

とりわけ近現代の工業化社会において、農業と関連する消費生活上の変化はどうなるかを、まずおさえておかなければならない。特徴的な点をあげれば、穀物消費の増加とそれに続く肉類消費の加速度的増加、オイルパーム、ゴム、綿花、サイザル麻、紙の利用等々のための工芸作物・木材需要の増大、そして大量生産、大量消費と並行する「大量廃棄」の現象が注目される。

まず第一に、一般に工業発展とそれに伴う所得の増加とともに、穀物を中心とした一人当たり消費カロリーが増大するだけでなく、次の段階で牛肉、豚肉、鶏肉等の肉類消費量が急上昇する（図2）。この五〇年ほどの日本の変化を見ても同様である。中国等途上国が急上昇を開始する一九九〇年当時の食品消費のうち、動物性食品の割合は先進国が約三〇％、途上国で約一〇％であったが、その後途上国の肉需要と、それを賄うための生産あるいは輸入は急速に伸びている。

その場合考えなければならないのは、豚肉一〇〇キロカロリーを得るのにトウモロコシ一〇五〇キロカロリー（一〇・五倍）、牛肉で一四〇〇キロカロリー（一四倍）、鶏肉で四二〇キロカロリー（四・二倍）が必要とされる（飼料用トウモロコシによる農水省試算）ということだ。牛を牧草だけで育てると、肉一キログラムに対し三〇キログラムの牧草が必要という。人口増加率をはるかに超える農地の拡張が必要となる。牛肉は、肉類の中でも格段に飼料効率の悪い食品で、牛が大気中に放出する有害メタンも含めて考えると、できることなら他の肉類消費に転換することも望まれるくらいである。

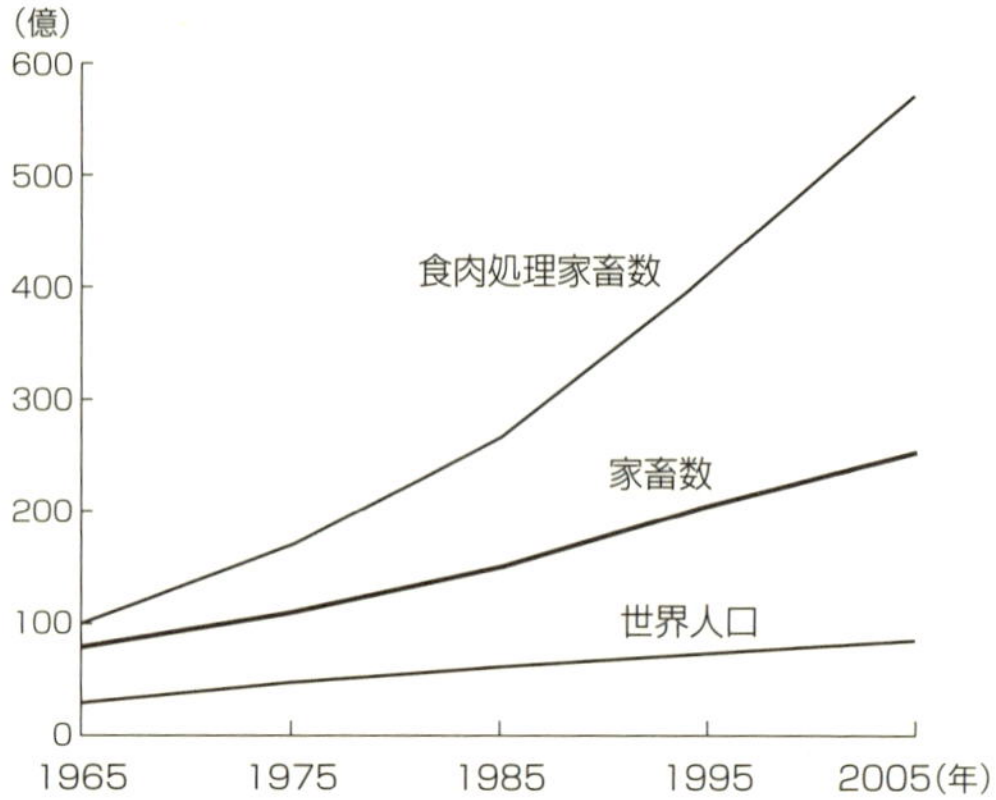

図２　経済発展と肉食化

出典：西川潤『食料』岩波ブックレット、2008年、45頁。
T. Weis, *The Global Food Economy*, 2007, p.19.

第二に、工業化、生活水準の向上とともに、人は電気製品、衣類、自動車、家屋等の種々の物品、より多くの物、より高級な物を持つという物的欲望が強くなる。木材を原料とする紙の需要も急角度に増える。一時「紙の消費量はその国の文化度を示す」などといわれた。思えばとんでもない話である。そしてまずいことに、物的欲望は持てば持つほど「もっと、もっと」と雪だるま式に膨らむ。それは工業の発展を加速する。それと関連して農林業では、工業向けの各種工芸作物や木材の生産のために、森林を開発し、他方では食料生産用の優良な農地が工業用地、宅地等に転用される。

第二次大戦後、先進国の高度成長の理論的背景となったケインズ経済学は、「消費は美徳」と訴えて有効需要の創出・増大を呼び水に、一層の量的拡大、経済的活性化を課題とした。企業は消費者の商品廃棄サイクルを速めるため、部品の生産を控え、型を次々に変え、いわば「浪費は美徳」とでもいうべき状況が出現した。人口爆発の次には物的欲望の爆発が起こったのである。

第三に、日本は世界中から食料品を輸入して飽食と美食の極にあるが、リサイクルなき消費物の大量のゴミ化は食の面でも同じである。かつて田村真八郎が行った試算によれば、物の可食部分の廃棄率は高成長下で急速に高まり、一九六五年で一二・六％、一九九三年で実に二八・八％に達しているという。ただ農林水産省は、「二〇〇〇年度農業白書」においてやや低めの数字を出し、結婚披露宴で二四％、宴会で一六％、ホテルで七％、家庭で八％前後の食料ロスとしている（文献1）。農業では、味は同じでも見栄えを重視し、商品として売れないものをかなり除くので、出荷段階でのロスも大きい。先進国では一般的にそうだが、特に日本では出荷ロスの傾向が強いように思われる。

この大量消費―大量廃棄は、①比較的無駄の少ない家庭の食卓から外食の拡大へ、②自給から経済力にまかせた輸入へ、③食生活の中での倫理感の喪失、④農業教育・食教育の後退、といった事態の中で起っている。さらに、現代の消費者は美味なものを要求するが、そのばあい生産する側も、収量を犠牲にしてニーズに応える場合が多く、廃棄ではないが、ここでも一種のエネルギーロスが起こる。かつて農業において、米作り日本一の天皇賞は単収の量で決まったが、米余りで減反政策が始まる直前の一九六八年に、経営方法や品質向上を基準とする授賞に代わったことは、まったく象徴的な出来事であった。

マルサスの復活？

このような飽食・美食の国々がある一方、地球人口の七〜八割を占める途上国では、約一〇億人の飢餓人口が恒常的に存在しているといわれる。マルサスは『人口論』（一七九八年）の中で、人口は一、二、四、八、一六……と幾何級数的に伸びるが、食料生産は種々の制約から、一、二、三、四……と算術級数的にしか増加しない。そのため、人口と食料需給のギャップがあり、社会は混乱し腐敗する。したがって産児制限などの人口対策が必要だとする切迫した見解を打ち出した。だが今のところ飢餓に悩む国はあるものの、マルサスが心配したほどの状況にはなく、人間の大量死といった事態には立ち至っていない。近代農学は、このマルサスの投げかけた問題を、いわば「見事に」克服し、増大する人口を扶養してきたのである。

このような人口の爆発、物的欲望の爆発を支える食料生産や工芸作物生産はどのようにして可能であったのか。以下農業生産拡大の二方向としての、①内延的拡大すなわち集約化による反収増大の方向と、②外延的拡大すなわち耕地面積拡張による生産増大について述べ、次いでそれぞれのもつ問題点について検討する（図３）。

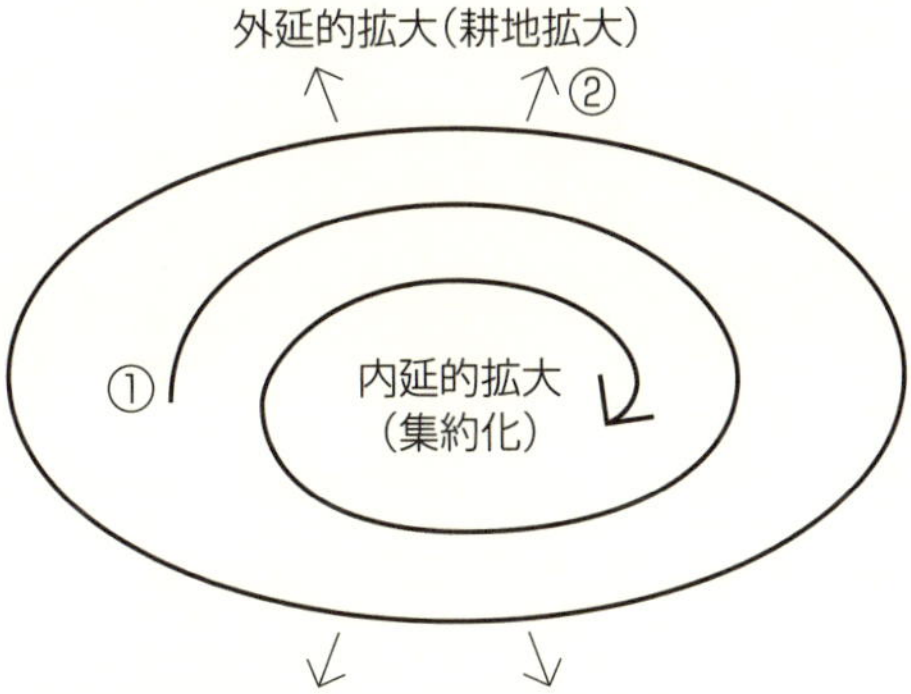

図３　農業生産拡大の２方向

2　農業の工業化（集約化）——農業生産の内延的拡大

農業の近代化と発展

まず第一に、生産の内延的拡大つまり集約化による単収増大への農学研究の進展と農家の努力がある。生産拡大への近代農学の貢献は、ロースとギルバート（イギリス）やリービッヒ（ドイツ）らによる肥料の発見と有効性の確認、ヤング（イギリス）やテーア（ドイツ）による合理的な農法の確立、メンデル（オーストリア）の遺伝法則発見に始まる育種技術向上による多収量品種の創出、あるいは耐病害虫品種、耐寒品種などの育成等による耕作域（作物の育つ北限または南限）の拡大、各種農業機械および農業施設の発明、灌漑面積の拡大と水管理技術の向上、農薬の発明など枚挙にいとまがない。

このような農学の展開によって、いわゆる近代農業は大きく変貌・発展した。特定作物のみを作付けする「専門化」ないし「単作化」、同じ耕作地で同一作物を連年作付けする「連作化」、化学肥料と農薬を多用する「化学化」、しだいに大型化する「機械化」、そして灌漑施設、温室、ビニー

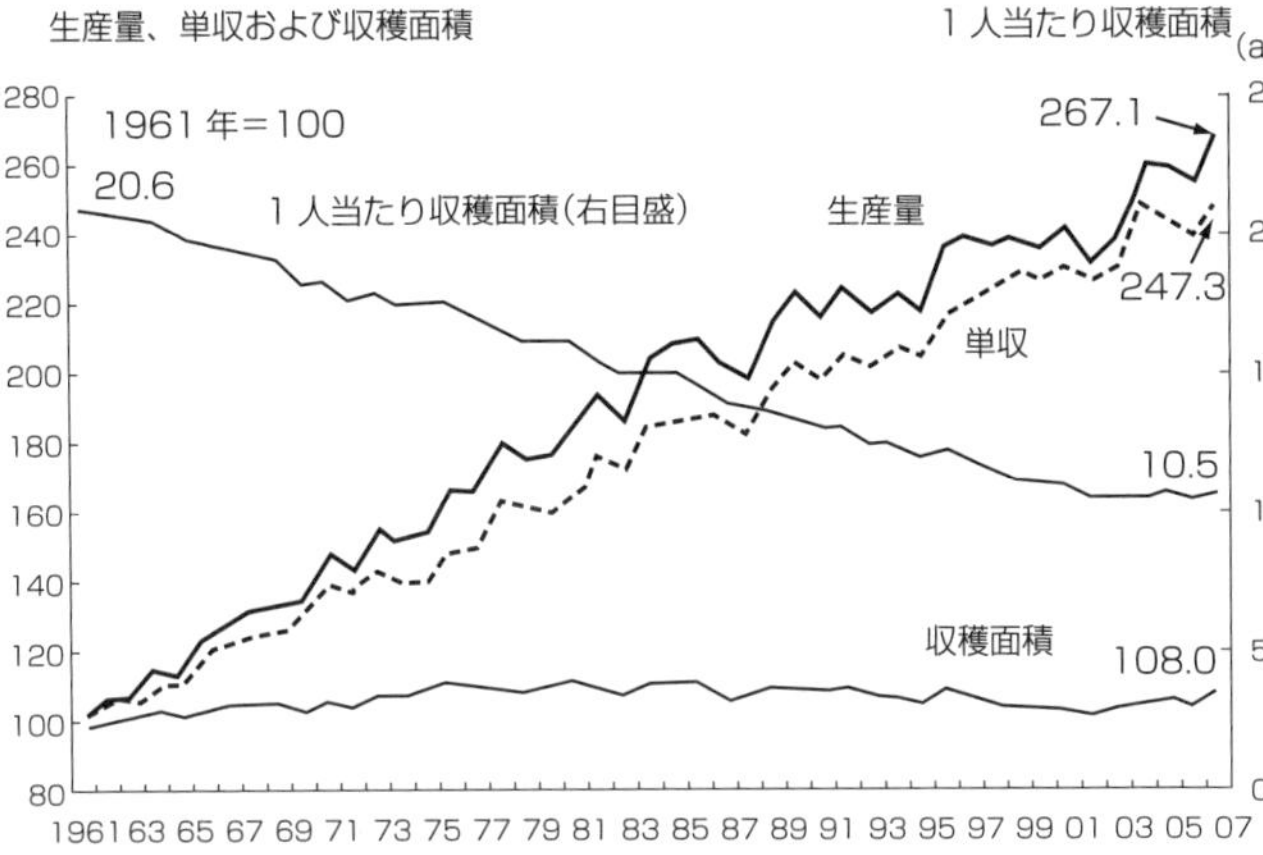

図４　世界の穀物生産量、単収、面積等

出典：『水土の知』77巻９号、農業農村工学会、2007年９月。
注）FAO「FAOSTAT」. 国連「World Population Prospects : The 2008 Revision」

ル被履等を活用する「施設化」が進行した。こうしたいわゆる「農業の工業化」によって、反収増大、大規模化、大量生産、労働生産性の向上、旬という言葉が意味を失うほどの周年供給が可能となった。消費者が考える以上に、食卓の上には農業近代化の成果が並んでいるのである。

今その量的拡大の跡をたどってみよう。最近の約四〇年間だけでも、世界の穀物生産は、図4のように、収穫面積はほとんど横ばい状態でありながら、単位面積あたりの収量は約二・四七倍に上がり、総生産量も二・六七倍となっている。

また資料は限られるが、先進諸国における産業革命以後約二〇〇年間の長いタームで見ると、図5のように、むろん質の改良を伴いつつ

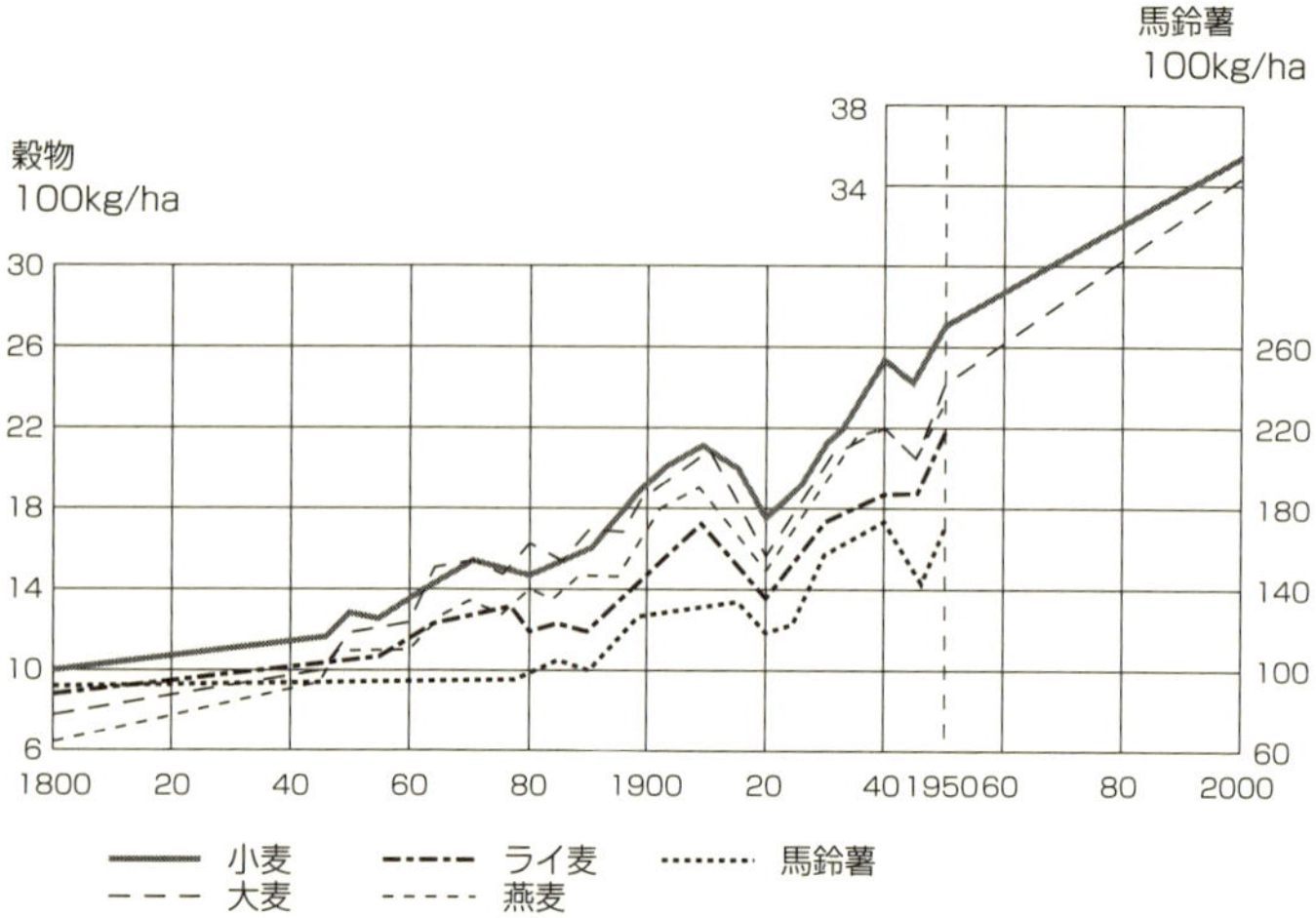

図 5　世界の耕種生産物の長期単収増加

出典：ハウスホーファー『近代ドイツ農業史』未来社、三好・祖田訳、1973 年、204 頁。1800 〜 1950 年はドイツの数字。なお筆者が追加した小麦、大麦の 2000 年の数字は、ヨーロッパ全体（「世界国勢図会」、2002/3、223 頁）

表 1　世界の農産物長期単位収量の増加推定

品目	かつての収量（時期）	現在の収量	単収増加倍率	資料
小麦	1000kg/ha (1800)	3543kg/ha	3.5 倍	『近代ドイツ農業史』、『世界国勢図会』2002/3
大麦	800kg/ha (1800)	3418kg/ha	4.2 倍	同上
乳牛	1285kg/ 年 (1800)	8500kg/ 年	6.6 倍	『近代ドイツ農業史』、『ポケット農林水産統計』2001 年版
米	2320kg/ha (1885)	5000kg/ha	2.2 倍	『興業意見』、『ポケット農林水産統計』2001 年版

注 1）ハウスホーファー『近代ドイツ農業史』未来社、三好・祖田訳、1973 年、『世界国勢図会』2002/3 年版、『ポケット農林水産統計』2001 年版、『興業意見』1885 年などの数字より。

注 2）1800 年の数字はドイツ、現在の数字はほぼ 2001 年のヨーロッパのレベル。ただし現在の乳量は日本、また米はすべて日本の数字。過去の数字はやや正確さを欠くが、100 〜 200 年単位での農業・農学の進歩の状況のおよそがわかる。

単収は小麦約三・四倍、大麦約四・二倍、などとなっている。乳牛の一頭当たり年間搾乳量に至っては、一八〇〇年頃一二八五キログラムであったものが、一九〇〇年頃一七〇〇キログラム、現在は八五〇〇キログラムで、実に六・六倍である。このことは、牛は自分の子牛一頭を育てるのに、年一二〇〇キログラム程度の乳量があればよいが、六・六倍の乳量を出す。五・六倍分は二〇〇年がかりの育種によって増やし、人間が頂戴していることになる。また米の一ヘクタール当たり収量は、日本の明治期で約二三二〇キログラム、現在約五〇〇〇キログラム、一〇〇年間の間に約二・二倍となっている（表1）。生産効率向上への農学の成果、農業者の努力がいかに大きいものであったかがわかる。

3　農地拡大――農業生産の外延的拡大と問題

農地拡大と森林開発

農業生産の増大のもう一つの方向として、農地面積そのものの拡大すなわち生産の外延的拡大がある。既存農地の外側に新たな耕地を開き、「耕境」つまり自然地との境界を拡げていくのである。

まず森林伐採による農地化が最も多い。あるいは干拓とか、東南アジアで見られるような、マングローブや沼沢地の利用による作物栽培、エビなど魚類の養殖がある。いずれも人口増加への対応、農家の現金所得増大のための規模拡大、輸出による外貨獲得政策など強い圧力が働き、その傾向は拡大こそすれ、収束する気配はない。日本など先進国の紙・建材等の浪費的ともいえる消費と木材輸入が、熱帯林破壊を加速したのである。レスター・ブラウンはこうした途上国の状況を、他に売る物のない「貧しさゆえの環境破壊」と呼んでいる。

世界の農地面積や森林面積は、先進国を除いて正確ではなく、定義にもよるが、ここでは『世界国勢図会』（矢野恒太記念会）の統計を用いておく。世界の森林面積は二〇〇七年現在、約三九億ヘクタールで陸地一三四億ヘクタールの約二九%を占める。最近二〇年ほどの間の年平均森林減少率は約〇・三二%で、放置すれば一〇〇年後に森林は現在の三分の二になる。とくに森林の約半分一七億ヘクタールを占める熱帯林が急減している。そして今や東南アジアのいくつかの国では、木材輸入国へと転換しつつある。

国土面積に占める森林の比率つまり森林率は、ヨーロッパでは、イギリスの一一%を最低とし、平均二七%となっている。またアメリカは三一%だが、元は約六〇%が森林に覆われていたとされる。ヨーロッパもそうだが、特に大規模低コスト農業を実現しているアメリカやカナダの農業の発達史は、新大陸における大規模な森林破壊の歴史だったといえる。

こうして世界の農地面積は、耕地、樹園地、牧草地、牧場をあわせて四九億ヘクタールで、陸地面積の三六・七％を占める。

さらなる食料需要――中国、インド他

世界人口七〇億人のおよそ五分の一を占める中国では、急速に開発が進み、森林面積は全国土の二一％（一説には一一％）へと減少し、さらに減少が見込まれている（文献２）。人口もこの後一七億人程度まで増加すると見られている。しかも豚肉、鶏肉中心に肉食化が進んでおり、急速に輸入の拡大が続いている。

揚子江流域では、上流部での森林伐採により雨水が一気に流下して洪水が多発したり、逆に黄河流域では開発による水資源の減少とその保全度の低下により下流域での水枯渇が起こるなど、種々の問題がある。日本における黄砂日数は年々増えているが、中国内陸部の乾燥化が影響しているとされる。河川上流域では、「退耕興緑」（耕作をひかえて植林する）運動が進められようとしているが、現実にはあまり功を奏してはいない。日本における黄砂日数の年を追っての増加がそれを証明している。

インドでは現在一二億人の人口で、中国のような一人っ子政策も取らないので、まだ大幅な人口増加が見込まれる。農業に関しては、少し遅れて中国と同様の現象が起こっている。表２のよう

表２　先進国１農場当たり経営規模比較

国	農家１戸当たり面積	日本との比較
日本（2007）	1.83ha	—
米国（2007）	181.7ha	99倍
EU（2005）	16.9ha	9倍
豪州（2005）	3,407.9ha	1862倍

出典：農林水産省「食料・農業・農村の動向」2009年,74頁
注）「農業構造動態調査」、米国農務省資料、欧州委員会資料、豪州農業資源経済局資料。日本の数値は販売農家１戸当たり面積。

に、一農場当たりの農地面積は、日本は一・八三ヘクタール、組織化分を入れて多く見積もって二・四ヘクタール、中国一・一ヘクタール、インド〇・六ヘクタール、アジア全体では一・五ヘクタール平均であり、いずれも小農圏に属する。これに対し、ヨーロッパ全体で平均一六・九ヘクタール、アメリカ一八一・七ヘクタール、カナダ一九六ヘクタール、オーストラリア三四〇七ヘクタールであり、世界全体の平均は三・六ヘクタールとなっている。大別して、北米、オーストラリア等は大農圏、ヨーロッパは中農圏、アジアは小農圏といえよう。

小農圏は将来日本とほぼ同じコースをたどって、大量輸入へと傾斜していくであろう。それは「ジャパン・シンドローム」などと呼ばれている。このことは現在の市場優先自由貿易至上主義の下では、いずれアジアに食料パニックが起こる可能性を示唆している。ＦＡＯは、二〇〇九年秋に「現在の経済発展・人口増加の下では、世界で七割の食料増産が必要」と発表した。

農業開発の可能性

増大する今後の食料需要に対応する農地開発の可能性がないわけではない。例えば、私は一九八六年に、アフリカ熱帯雨林の中央を流れるザイール河（コンゴ河）を一週間がかりで船で下ったことがある。巨大なザイール河の流れと、その両岸に広がる広大かつ比較的平坦な熱帯雨林を見た時、一億や二億の人口はすぐに養えると思った。森林を焼き、ブルドーザーで平らにして水田をつくれば、あっという間に供給力は高まる。しかも熱帯では、水さえあれば二毛作が可能だ。

他方単収増加は可能であろうか。アジアは緑の革命によって急速に単収が上がってきた。アフリカの多くの国はコメを重視しているが、単収の増加率はなお遅々としている。日本の場合、量よりも味へと変化している面はあるが、現在世界有数の稲作技術で、一〇アール当たり平均で約五〇〇キロ（玄米）程度である。

熱帯では二毛作が可能だが、水などの制約条件がある。味を問わなければもう少し収量は上がる。米に限定し、平均して日本並みの単収まで上昇可能とすれば、アジアはまだ三割程度、アフリカは二・五倍の増加が可能だ。しかし気候、水環境、土質等々、さまざまな条件が前提となる。現在の農地を前提にすれば、平均して途上国で少なくとも現状の三〜四割程度の単収増加は可能ではないか。

その際約五五億人の途上国人口が、さらに七七億人へ、先進国人口が一五億人から一三億人に減少すると仮定すると、途上国人口の四割増加分は単収増加の技術でほぼ賄えることになる。これは私の目安による見込みである。しかしそれは現在の低い食生活水準の継続が前提で、所得増加に伴ういっそうの穀物消費の増大、とりわけ肉類消費の増大には手が届かず、農地面積拡大は不可欠である。他に工業の材料となるゴム、麻、綿花等の工芸作物や紙需要を賄うための木材消費、バイオエネルギー用穀物等も加わる。そうとすれば、農地面積拡大を目指し、現在急速に進んでいるアマゾン川流域ほか熱帯地域の森林開発は避けがたいこととなる。また単収増加のために、化学肥料、農薬の投入増加が必要となる。

4　二つの食料危機——一九七三、二〇〇八年

二〇〇八年食料危機が意味するもの

折もおり、二〇〇八年に食料危機が起こった。穀物価格が高騰し、タイ米の例でいえば、ほとんど垂直に五、六倍にまではね上がった。そういう中で、世界の二十数カ国にわたる輸出制限の広がりも経験したところである。また大幅に足りないところでは、民衆の暴動が発生し、まさに食料争

奪戦といってもいいような状況が現れた。

これらの原因について、およそ六点があげられる。

①原油価格が大幅に上昇したこと。

②トウモロコシ等を利用したバイオエタノール生産の広がりが、図6のように急角度に進んでいること。

③インドネシアやオーストラリアをはじめ各地で、地球温暖化の影響と見られる連年の干ばつや冷害がおこっていること。ある程度減産になっても在庫率が一定程度あればそれで何とかやりくりできるが、それが相当低下していること。その在庫率の様子を見ながら価格もまた上下するということ。

④産業革命以降、「人類の大発生」とでも呼ぶべき人口爆発が、現在も途上国を中心に続いている。現在六八億人だがやがて二〇五〇年頃には九〇億人はほぼ確実と言われている。これらの食料をどうするのかを具体的に検討すべき段階に入った。

⑤経済成長と肉食の問題がある。高度成長とともに、人々の所得が上がると肉食が急増すること。牛肉で一〇〇キロカロリーを得るには、トウモロコシで一四〇〇キロカロリーが必要と先に述べた。ということは、トウモロコシを食べている分には一四人生きられるが、肉を食べて生きよう

と思うと一人しか生きられないことを意味する。現在七割の人口を占める途上国で、高度成長が起こり肉食が進む。これをどうするかという問題がある。

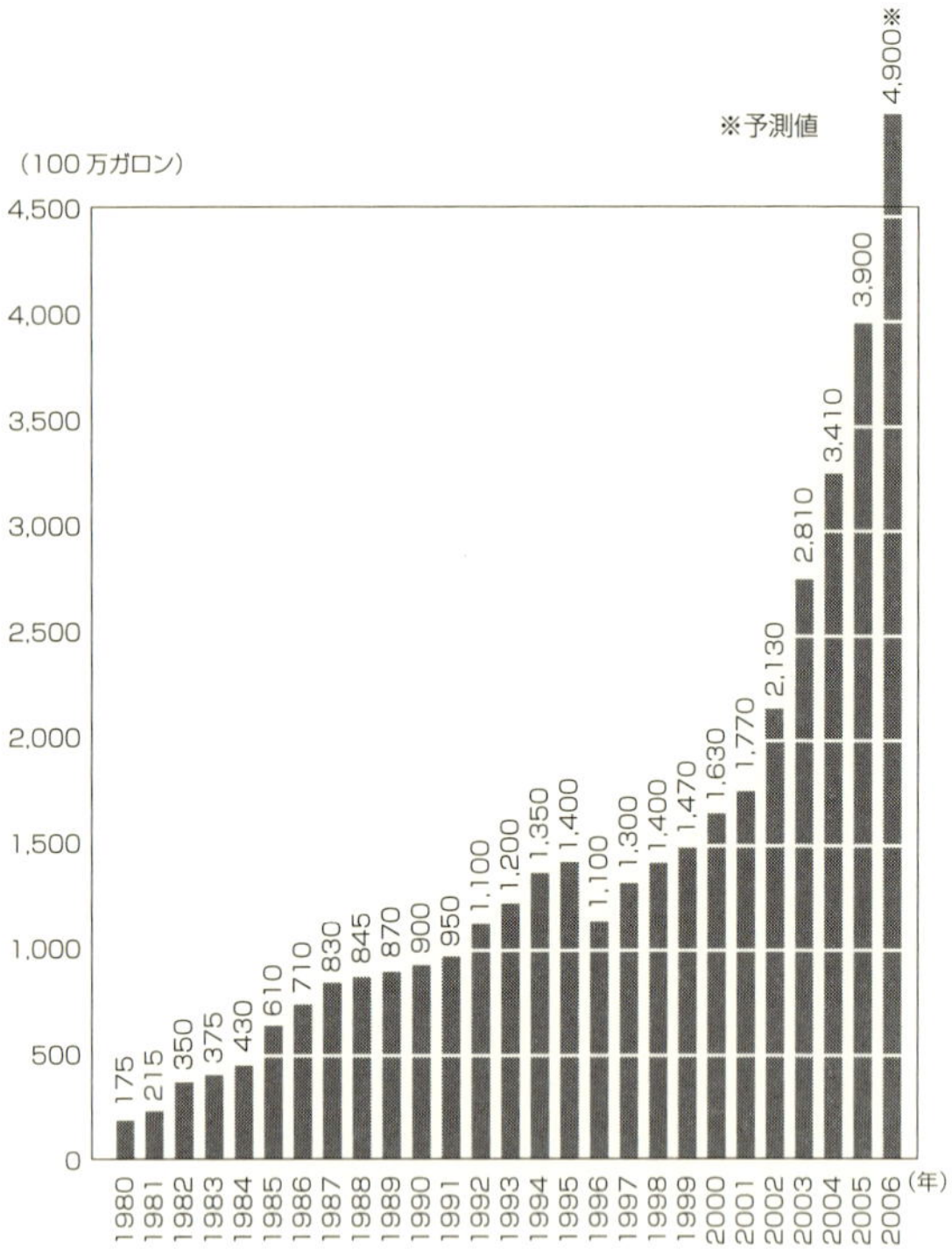

図６　アメリカ・エタノール生産量の推移

出典：持続可能な農業に関する調査委員会「本来農業への道」E-Square, 2007,55 頁.
Renewable Fuels Association（米再生燃料協会）より。

⑥最後に投機マネーの暗躍がある。今回の石油や食料の価格高騰はむしろ投機マネーによる撹乱が大きな原因である。工業製品が、場合によっては我慢できる「相対的必需品」であるのに対し、食料は生命・生存を左右する商品で、どんなに高くても一日も欠かせない「絶対的必需品」（文献3）といえる。逆に安くなったからといって、消費がそれほど伸びるわけでもない。したがって、わずか数％の減産が三～五倍といった価格高騰を招く。うまくやれば、投資先としてこれほど旨味のある分野は他になく、投機の対象になる。

二つの食料危機の違い

二〇〇八年、図7に示されるように穀物価格が高騰し、未曾有の世界的食料危機の時を迎えた。サミットでも主要議題として論じられた。食と農に関し、いま量の面でも質の面でも、しかも国際的にもまた国内でも、さまざまな問題が噴出しており、解決が求められている。私の見る限り、日本の食と農を連結し、立て直す絶好のチャンスが来ている。

思えばかつて一九七三～四年に、異常気象によって穀物が不作となり、価格が三～五倍に高騰する世界的な食料危機があった。アメリカは、大豆について明確に「自国優先」を言葉にし、大統領自らが輸出停止を宣言した。日本だけでなく各国は仰天し、穀物買い付けに奔走した。日本では農林大臣が記者会見に臨み、国内自給原則を打ち出し、ジャーナルも自給率強化を訴えた。

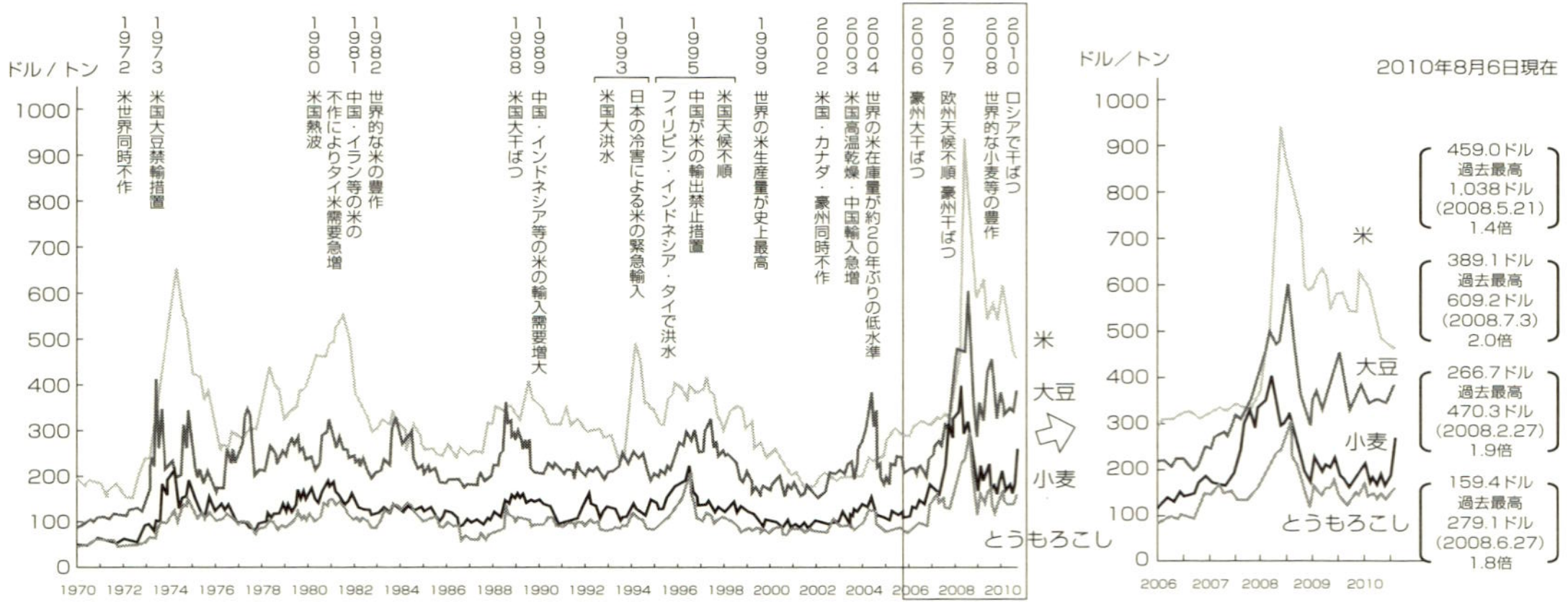

図７　世界の穀物価格の長期的推移

出典：農林水産省発表資料「穀物等の国際価格の動向」（http://www.maff.go.jp/j/zyukyu/jki/j_zyukyu_kakaku/index.html）

注１）小麦、とうもろこし、大豆は、各月ともシカゴ商品取引所の第１金曜日の期近価格である。米は、タイ国貿易取引委員会公表による各月第１水曜日のタイうるち精米，砕米混入率10%未満のFOB価格である。

注２）各月第１金曜日（米は第１水曜日）に加え、直近の最終金曜日（米は最終水曜日の価格）を記載。

注３）米以外の過去最高価格については、シカゴ商品取引所の全ての取引日における最高価格。

またその後各国とも農地拡大を心がけ、アメリカ農務省は、「国内で農地化できるところはすべて農地化せよ」と指令を出した。その結果生産過剰気味となり、アメリカをはじめ大農圏は、農工無差別の貿易自由化論を唱え、日本にもコメ市場の開放を迫り、牛肉、小麦、トウモロコシ、大豆等を大量輸入せよと圧力をかけてきた。あっという間に、「のど元過ぎれば熱さを忘る」で、食料危機などあったのかといった状況になり、日本はみるみるうちに自給率を下げた。

二〇〇八年の場合、一～二年の間に、小麦、大豆、トウモロコシは二～三倍、米は四～五倍の高騰となり、世界は食料争奪戦を繰り広げた。食料は、必需品の中でも一定量を一日も欠かすことができないという意味で、工業製品と異なり乱高下しやすい商品である。この特性を忘れてはいけない。一九七三～四年の場合も、世界の減産率三～七%程度で、三～五倍の高騰となったのである。

今回の危機では、大臣だけでなく、首相も自給率向上を宣言している。各国のリーダーも、一斉に農産物生産の強化を訴えている。いずれ供給は追いつき、価格高騰は収束する。各国は急いで生産能力を高めるからである。そしてしばしば過剰反応し、少しオーバーするとすぐに価格は大幅下落することとなる。前回と同じ結果になる可能性もある。

だが今回は、やや様相が異なる面がある。第一に、原油等エネルギー問題は今後ますます大きくなること、第二に、バイオエネルギー生産に傾斜すれば、結局農地の奪い合いになること、第三には、前回の危機と異なり環境問題の深刻化により、その面からの制約が大きいこと、第四に、食料の量的不足だけでなく、次章で述べるように、農薬汚染、原料偽装等食品の安全性など、量・質両面からの食への関心が広がっていることなどである。前回の轍だけは踏みたくないものだ。そしてこうしたことから、今後農産物は全体として価格がやや高止まりしつつ推移していくであろう。

世界農地争奪戦の始まり

いずれにしても、量的過不足や価格乱高下を繰り返しながら、全体として食料の不足、価格の高止まりの傾向は避けられないであろう。こういう中で日本は多くを輸入し、カロリーベースの自給率も四〇%となっている。

日本と同じ小農圏に属する途上国はどうなるのか。日本農業新聞によれば、例えば一三億人の中国の穀物事情は厳しく、輸入依存を強めている。輸出もしているが輸入も非常にふくらんできている。今後もこの傾向が続くだろう。またインドも二〇〇八年現在約一二億人だがさらに大幅に増えるだろうと言われていて、こうした国々が人口そのものの増大、肉食の増大の中でやがて大きな輸入国になるだろうということは、ほぼ間違いない状況であろうかと思う。量の問題は、中長期的に厳しさが避けられない。

このような状況を受け、先を見込んで国際的な農地争奪戦が起こりつつある。アフリカやアジアに各国が進出し、安い土地を買収して農業生産に当てる動きがある。例えば中国がフィリピン、ラオスなどに二〇〇万ヘクタール、サウジアラビアやインドネシアに一六〇万ヘクタール、サウジアラビアがインドネシアに一六〇万ヘクタール、アラブがパキスタンに一三〇万ヘクタール、インドや韓国も動き出しているという。現在世界で五〇件以上の商談が行われ、すでに二〇〇〇万ヘクタールの農地取引が成立したとされる（「日本農業新聞」二〇〇九・四・五）。これは現地の貧困化と植民地的支配に結びつくのではないかと心配されている。

5　食料増産の結果何が起こるか

地球温暖化と環境問題

果たして人類の食料供給は十分可能であろうか。しかしこの問いは間違っている。食料の量問題解決のため、現存する人が生きていくため、供給はなんとしても必要だし可能にしなければならないのである。そして食料増産の結果何が起こるのかも、私たちはしっかり考えておかなければいけない。その第一が環境問題であろう。

人間の活動によって、地球温暖化が急速に進んでいるというのは既成事実だし、特に私が驚いたのは北極海の氷が二〇〇七年夏三分の二になったということである。それ自体はあまり驚かなかったが、その時専門家が語った次のような言葉だ。「実は、北極海の氷が三分の二になるということは、今世紀の終わりであろうと自分たちは思っていた」と。私はこれを聞いて、専門家が一〇〇年後と考えていたことが、もうすでに起こってしまった、一体環境問題はどこまで進むのか、不安になった。

水問題も深刻だ。アラル海周辺の砂漠のような所に、シルダリア川の流れで灌漑して作物を作ったが、収穫の終わった乾期に、蒸発する水分とともに塩分が下からどんどん上がってくる。ついに塩害のため、広大な農地も設備も無用の長物となったのである。下流のアラル海は塩分濃度が極端に上がり、漁業どころか死の海となっている。またオーストラリアの場合、乾燥地が多く、農地での塩類集積が進みつつあり、温暖化による干ばつとともに大きな問題となっている。

さらに最近の大規模災害の多発がある。インドネシアや中国での大地震では、いずれも一〇万人規模の死者が出ている。あまり良い比較ではないが、かつて戦争は一〇万、一〇〇万単位の死者があったが、現在は一〇〇人か一〇〇〇人死んだら大騒ぎになる。戦争はもちろんやめる方がよいが、死者の数で言えば、大規模災害の方がはるかに大きくなっている。世界各地で、多くの人を危機に追いやる地震、洪水、干ばつ、台風、竜巻、サイクロン等、その巨大化は恐らくは温暖化によるものではないかと思われる。こうした問題が工業の発達、食料増産の両面から、さらに大規模化して起こってくるであろうことを、誰が否定できようか。人類は現在、地下資源の枯渇から、原子力発電への依存度を高めつつあるが、こうした大規模災害が及ぼす原子力施設への影響を考えると、不安がつのる。

各国の森林の状況をみると、最近ヨーロッパ等先進国では、対国土森林率は横ばいか、若干増える傾向にあり、途上国では急速に減っている。マレーシアのシブ川は、かつて青い清流だったが、私が見た時には黄色い川に変化していた。それは日本がマレーシアから大量に木材を輸入することと、ゴム生産用、食料用に森林開発を行うためと聞いている。日本は国内の森林や農地を荒らしたまま、海外の環境破壊に加担しているのである。さらに農業生産に大量の水は不可欠だが、将来世界的な「水戦争」が起こるだろうという。私はすでに七〜八年前ロンドンの書店で、"Water Wars"という分厚い本の題名に驚いたが、それが現実となりつつある。

農業開発と環境問題

そして、このような森林開発などによる新たな耕境拡大＝外延的拡大は、当然肥沃度、傾斜度、消費地からの距離などにおいて、既存の農地より立地条件の悪い場所へと展開することになる。一般に既耕地よりは反収増大の可能性は小さく、消費地は遠隔化するので、経済性も低下する。

森林開発などによる耕地拡大は、種々の面で生態系を破壊し、地球温暖化を促進し、砂漠化、水問題、大気汚染へとつながる。これに農地の工業用地化、宅地化も求める工業活動が加わり、オゾン層の破壊、酸性雨、海洋汚染などが深刻化する。

こうして世界は今、全体として、途上国を含む工業生産活動や農地開発により、森林減少、海洋資源の枯渇、各種エネルギー資源の減少、水の汚染、既存農地の塩類集積、土壌流失、砂漠化、食品の安全性問題といった、生命・生存にかかわるさまざまな環境上の問題に直面している。日本は二〇〇八年現在農産物カロリー自給率四〇％、木材自給率二四％、水産物自給率六二％と、農林水産物ともに、工業の高成長下で自給率を著しく低下させ、歴史的にもまた現在の世界でもまれな輸入大国となっている。輸入は大型船で遠距離を輸送するため、大量の石油消費につながる。いわゆるフードマイレージの問題である。農地開発とそのありようは、こうした世界の環境問題の生起に、深く関わっていることを意味するのである。

人は飢えずに環境を守れるか

こうして人類は食べるために多くの環境上の問題を引き起こしてきたが、生態環境と人間活動との関係について、私の見るところ、大きく三つの見解に分かれる。第一は、環境クズネッツ曲線（図8）に基づき、環境問題の解決は従来の経済成長重視の延長上で可能との考え方で、成長主義、開発主義の立場である。第二は、動植物も人間も、自然生態系の中で同等の価値を持つものであり、動物の権利、樹木の権利等を主張し、科学技術を批判し、人間の自制を最大限に訴えるディープエコロジーの立場である。第三に、最大可能な環境保全の努力は当然としても、人口増加や途上国も含む工業発展を否定することはできず、資源の保全的利用、科学技術の環境問題解決可能性を高めるという、前記の両説の中間に位置する調整的、調和的立場である。

ディープエコロジーの立場を推し進めると、「地球のためには人間が滅びることが最善」となりかねない。適正人口は現在の生活レベルからいえば、せいぜい一億人（アーヌ・ネエス）あるいは五億人（ジェームス・ラヴロック）が生存可能といった仮説（文献4）にたどり着き、結局人類大量死のプログラムを描くことになる（文献5）。すでに環境問題は後がなく、人類がなお人口爆発を続ける中で、とりわけ農業・農学においては、人間の否定や人類の大量死を前提に立論するわけにはいかない。やはり六八～九〇億人が食べる存在、物を作って生きゆく存在としてあり、人類は〝人は飢えずに環境を守れるか〟という切迫した事態に直面していると捉えるべきである（文献6）。

図8　環境クズネッツ曲線

出典：World Bank, *World Development Report*, 1992

6　農業・農村の向かうべき目標――持続的地域の形成と連鎖

農業・農村の価値目標

さて、今後農業・農村が向かうべき方向ないしは目標について述べておきたい。以下の各章はこの目標の実現に向けての各論として読んで頂きたい。

私は長年にわたり、農業・農村が目標とすべき価値目標は「総合的価値の追求」であるとしてきた。第二次大戦後の日本社会や農業・農村の展開過程は、これからのありようを自ずから方向づけているように思う。その概要を示したのが表3、図9である。ほぼ一〇〜二〇年単位で、社会の目指すものの重点が変化してきたように思う。

まず昭和二〇年代は、荒廃の中からの復興が最重要課題であった。昭和三〇年代は高度成長前期に当たるが、復興から進んでさらなる物的豊かさを求め、国を挙げて生産拡大に邁進した。しかし昭和四〇年代の高度成長後期に入り、環境の悪化が問題視されるようになり、やがて成長の限界が意識され、低成長時代に入るとともに、「本当の豊かさとは何か」と生活の質が問われるよう

表3　日本社会の展開と農業・農村の役割論の重点

時期区分	昭和20年代	30年代	40年代	50年代	60年代以降
主要な動向	復興期 農業生産増大 工業再生	高度成長前期 工業拡大 都市膨張	高度成長後期 環境・公害問題多発	低成長期 都市・地域問題多発 生活の質重視	成熟化・情報化 貿易・国際問題多発 国際交流
農業・農村の役割の変化と多元化・重層化	生存水準上の経済的役割	生活水準上の経済的役割 生存水準上の経済的役割	生態環境的役割 生活水準上の経済的役割 生存水準上の経済的役割	社会的・文化的役割 生態環境的役割 生活水準上の経済的役割 生存水準上の経済的役割	総合的役割 社会的・文化的役割 生態環境的役割 生活水準上の経済的役割 生存水準上の経済的役割
農学の動向（追求価値）	生産の農学（経済価値）		生の農学 生命の農学 環境農学 （生態環境価値）	生活の農学 社会農学 （生活価値）	場の農学（総合的価値）

になった。この過程は、順に①生産重視、経済価値追求の段階、次いで②環境重視、生態環境価値追求の段階、③生活の質重視、生活価値追求の段階として現われる。私は、第一段階を「生産の農業・農学の時代」、第二段階と第三段階を合わせて「生の農業・農学の時代」と呼んでいる。「生」とは、生命・生活・人生を意味し、それを彩る人間らしい真の豊かさ、心の豊かさなどを中心に据えることをいう。こうして経済、生態環境、生活という三つの主要な社会的要素の重要性が順次認識されてきたといえよう。

　そして今、身近な日常生活の場としての地域の重さと、それを押し広げあるいは制約する世界的規模のさまざまな現実が、私たちの周辺状況を、絡み合い複雑に構成している。

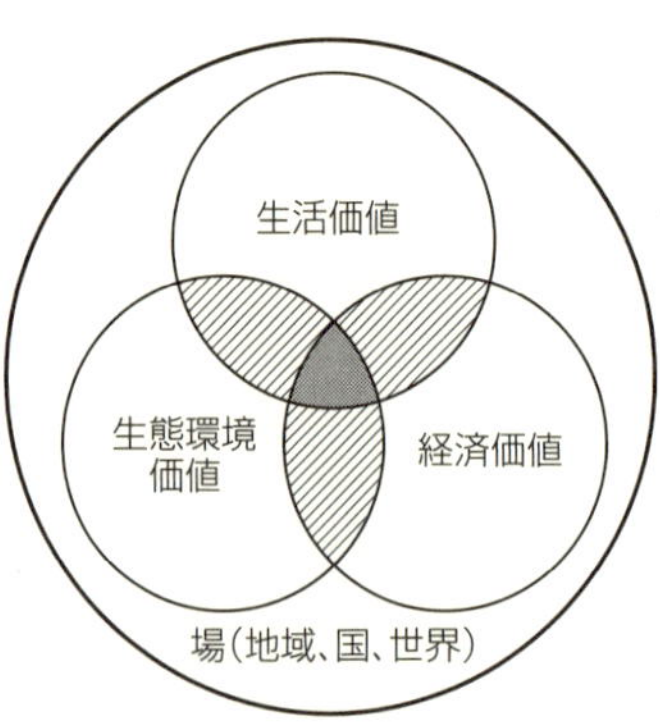

現代農業・農学の価値目標

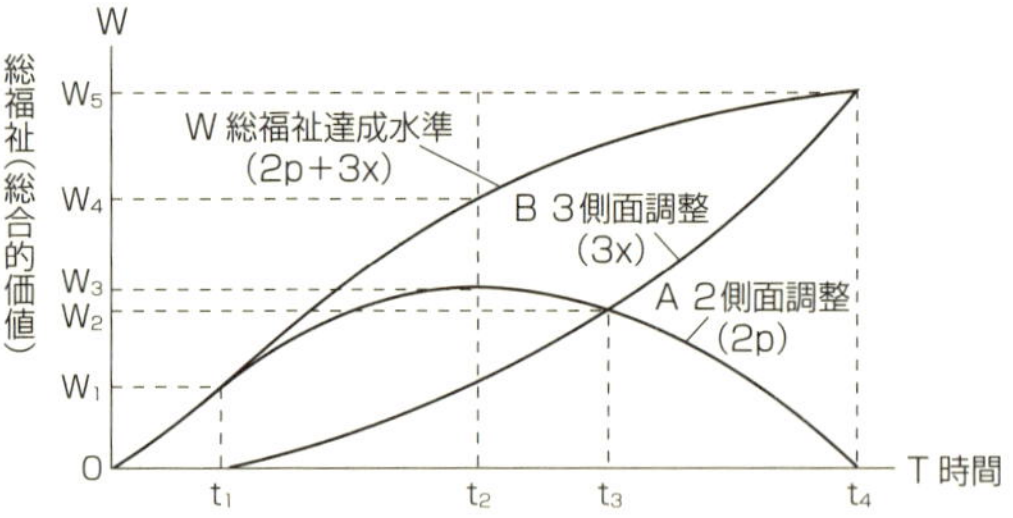

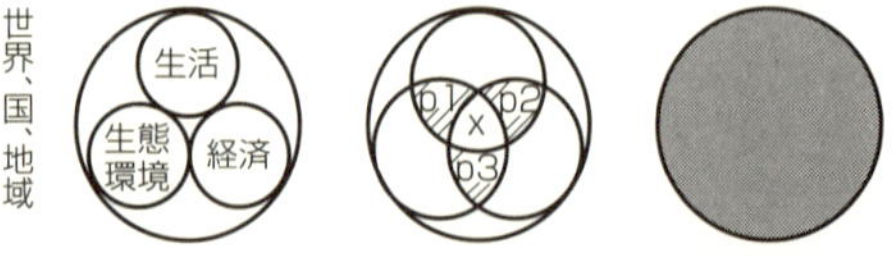

図 9　総福祉の増大過程（総合的価値の実現過程）

説明：① 3 つの側面はそれぞれに問題をもち、調整が必要である。その 3 つの側面が、それぞれ拡大し、かつ問題が相互に調節される過程を総福祉の増大と見る。② 3 側面の調整過程は、まず 2 側面の調整過程（p 領域の増加）として現われ、A 線で表される。③ついで 3 側面の総合的調整（x 領域の増大）がすすみ、そのプロセスは B 線として表される。④総福祉の達成水準は A＋B として表され、W 線のようなカーブを描く。⑤下の図の（1）は未調整の 3 側面の現実、(2) は調整過程、(3) は完全に調整された、総福祉の極大状態を示す。

私はそれぞれの地域こそ、生態環境が一つのユニットとして存在し、そこに経済と生活が絡み合って個性的な地域形成がなされると考える。それが独自の仕方で調和された時、そこは真に持続的な場所になると考える。現在のところ、経済・生態環境・生活の三つの価値は、しばしば相互にトレードオフの関係にある。経済を発展させようとすれば環境を破壊する、環境を良く保とうと思えば生活内容を落とさなければならない、といった具合である。

個性的持続的地域の形成

しかしこのような、顔の見える人間の身の丈にあったトータルな意味での地域社会こそ、人々の日常的な生活世界であり、生活者としての視点から矛盾する諸問題を身近に認識可能であり、かつ切実な自らの実践的課題として、解決可能性への道筋を見出しやすい場である。総合的価値の実現という視点から世界の各地域の現実を見たときに、最もよく現在の問題の内実を洗い出し、クリアーにし、解決を可能にする場ではないかと考える。

同時に私たちは、世界の社会経済の同一性と差異性・多様性等を包括的に認識しつつ、思考と実践を地域からそして地球規模へと広げ、最終課題としての経済社会の「持続性」Sustainability 達成への足がかりを掴むべきである。

こうして私たちは、最も効果的な形で三つの価値を調和させ、いわば最大可能な総合的価値を追求することが、農業・農村ひいては現代社会の課題であり、二一世紀の主要なテーマであると思う。このような、それぞれ個性的持続的な地域の世界的規模での連鎖こそが、地球環境を守り、望ましい経済と生活を保証すると思われる。

第2章　食の崩壊と再生

——食の世界に何が起こっているか

1　二〇〇八年の食料危機と国民の選択

「食の安全・安心」という言葉を聞いた時、私たちは恐らく口に入れても大丈夫だろうかと思うのではないか。したがって食の安全・安心といった時にはいつも食品の「質」の問題を念頭においている。二〇〇八年の食料危機の状況は、一方で凶作や石油等資材価格の高騰、食料の争奪戦があり、他方で輸入食品の農薬汚染、国内での食品材料偽装、使い回し、賞味期限のごまかしなど、まさに質と量の両面から安全・安心の問題が起こったといってよい。一九七三～四年の食料危機においては、量の問題に重心があったが、今回（二〇〇八年）は量・質両面が同じ重さをもって迫っているところに特徴がある。

この二～三年、ミートホープの牛肉偽装、赤福の悪しき再利用、吉兆の使い回し、うなぎの産地偽装、さらには輸入冷凍餃子に象徴される残留農薬問題等々が起った。頻発する食品偽装は、工業品に比べて品質判断が難しいという点からきている。食品の場合、味付けによって食味は変わり、流通過程が複雑で無責任になる。また防腐剤等食品添加物はどうなっているのか、まことに不安な状況がたくさんある。

こうした量・質両面の問題の同時発生により、食への国民の関心が非常に高まっている。その関心がどこに向かっているのかを考えてみたい。図10のように、「日本経済新聞」の二〇〇九年一一月一九日付け記事（二〇〇八年中央調査社調べ）では、食品の安全性に非常に不安があるとする人が二五％、やや不安が五四％、合わせて八〇％で、国民の間に不安感が広がっている。表4は衆議院・参議院等の選挙で国民が重視する政策課題についての「日本経済新聞」の調査である。それによれば、九月の段階では食の安全が三位、一〇月で四位、少し下がっているが食の安全問題は大きな選択肢の一つになっている。

そういう中での量の問題だが、ヨーロッパの国々はカロリーベースでの食料自給率を上げてきた。ドイツは最低七〇％程度維持しようというのが常識となっている。フランス、アメリカは輸出している。日本だけは例外で下がっている。韓国も日本と同じ過程をたどりつつある。やがて中国も同様となるだろう。こう考えると、量の問題をどうするのかということも、広い意味での食の安全・安心問題といえよう。

図11、図12は、内閣府調査による食料自給率等に関する国民の意識だが、自給率が低いと考えている人は八割を占め、九三％がそれを高めるべきと考えている。さらに、現在輸入品がカロリーベースで六割を占めるが、今後安全性を重視して国産品を選びたいという人が大幅に増え、八九％と圧倒的な比重となっている。今回の食料不安で急角度に国産品志向になっているといってよい。

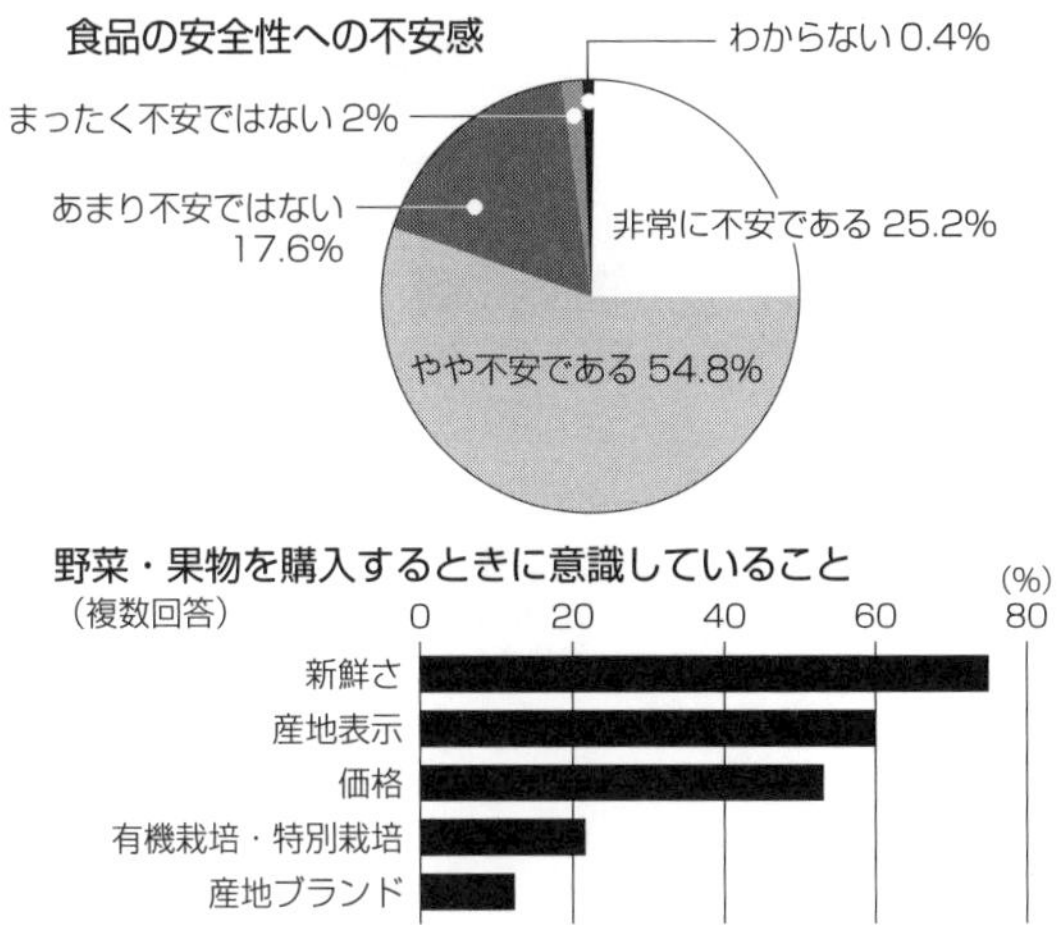

図10　国民の食品への関心と志向方向

出典：日本経済新聞（中央調査社調べ、2008年）2008.11.19より。

表4　衆議院選で重視する政策課題（複数回答）

順位	9月	%	順位	10月	%
1	年金・医療	57	1	景気対策	55(3)
2	景気対策	52	2	年金・医療	49(▲8)
3	食の安全	36	3	財政再建	30(3)
4	財政再建	27	4	食の安全	27(▲9)
5	教育改革	22	5	教育改革	22(−)
6	政治とカネ	19	6	政治とカネ	19(−)
7	外交・安全保障	18	7	外交・安全保障	13(▲5)
8	地方分権	10	8	地方分権	10(−)
9	その他　いえない・わからない	4	9	その他　いえない・わからない	9(5)

出典：日本経済新聞 2008.10.27 より

注）表中の数字の単位は%、カッコ内は変動幅、ポイント、▲はマイナス。

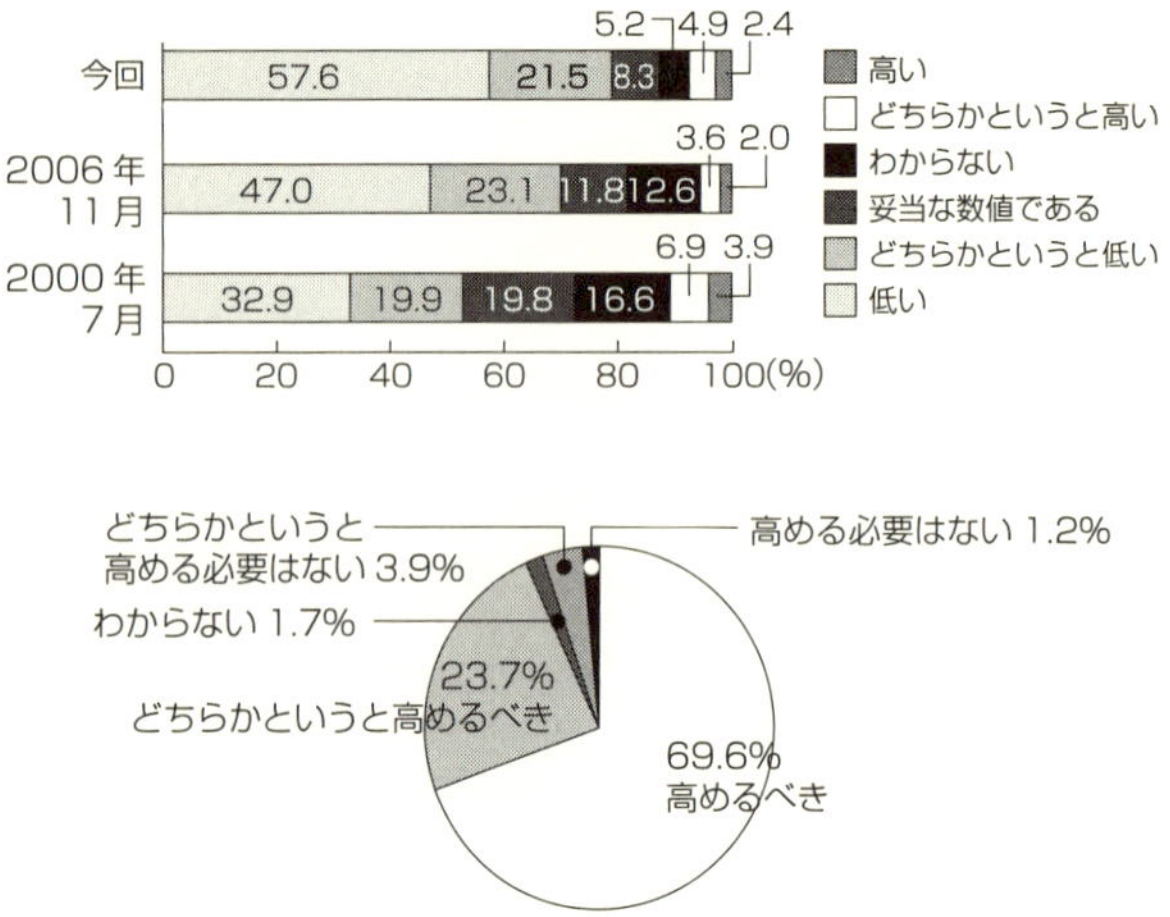

図 11　食料自給率に関する意識（現在、今後）

出典：日本農業新聞（内閣府調査）2008.11.16 より。

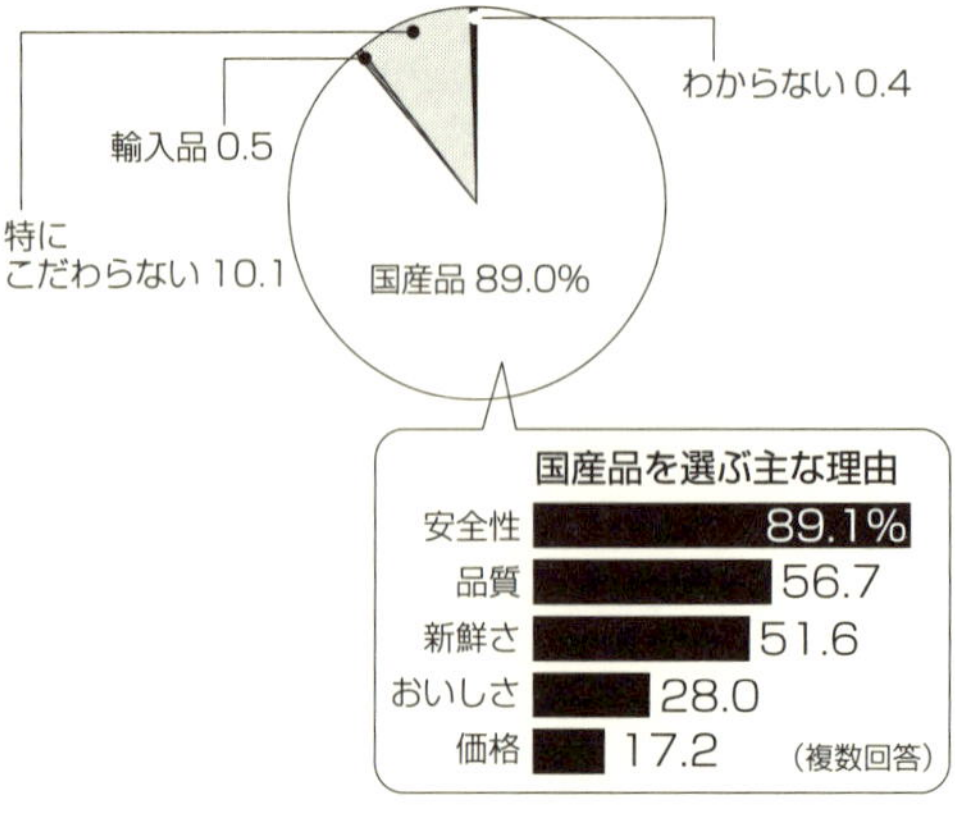

図 12　農産物に対する国民の国産志向

出典：福井新聞（内閣府調査）2008.11.16 より。

しかし「喉もと過ぎれば熱さを忘れる」というのが、食料の特徴であり、この数字はしだいに低下するであろう。また冷凍餃子問題で後退した中国製品等もやがて体勢を立て直してくるであろう。ただこれまでとやや状況が異なるのは、先に記したように、量は不足がちに推移するであろうこと、また価格は変動しながらも、中長期的にはやや高止まりするであろうこと、さらに国産志向が高まり、中でも地産地消の動きが加速することなどが想定される。

2　食への不安の内容

国民の食の質への不安を整理すると、農薬・化学肥料の多用、生産過程での飼料添加物、加工化過程での食品添加物と健康、鳥インフルエンザ、BSE等家畜由来の病気の蔓延、遺伝子組み換え食料の安全性と普及状況、食品偽装の頻発、といった点にあろう。それぞれについて検討してみよう。

農薬の起源と必要性

農薬という概念を明確に自覚させたのは、ブドウ栽培で使用するボルドー液の発見以来といってよいであろう。一九世紀後半アメリカの開拓が進み、ヨーロッパとの農産物貿易も進んだが、新たな病害虫の進入も問題となった。特にヨーロッパを悩ませたのはブドウのベト病や害虫フィロキセラの進入被害であった。こうした病害虫で良いブドウが取れず、ブドウ酒の生産が滞ったのである。当時フランス・ボルドー地域では、泥棒除けのため、ブドウが完熟して美味しそうに見えないよう、硫酸銅と石灰の混合液を用いてブドウの外見を青色にした。ところがどうやらそれがベト病の発生を抑える効果のあることが分かり、農薬として用いられるようになった。フィロキセラに対しても防除薬の探索、耐性品種の開発や耐性品種の接木利用などが進み、農学発展の契機となった。

以来農薬は、農業にとっても消費者にとっても、大きな期待を担ってきたのである。とりわけ人口増大により、効率的な大量生産―大量消費の時代となり、農薬は不可欠のものとなった。日本をはじめアジア等では、長く自給を基本としてきた小農が一般的である。こうした小農圏では、大農圏の低コスト大量生産に押され、農業は苦吟しつつ後退・縮小してきた。しかし小農の場合も、それなりに兼業化しつつ、また集約化を深め、小商品生産体として展開・継続してきた。第二次大戦後、農家は時に中毒症状に悩みつつも、除草剤によって夏場の家族総出の除草労働から開放され、農薬は農家の救世主とも受け止められたのである。農薬は、消費者からしばしば農薬＝毒＝悪のイメージで受け止められ、恐怖感が抜けきれない。

そこで近年では、農薬の低毒性、分解性、生物農薬の利用等が重視されるようになった。天然のものであるから毒性はないというのも理由のない信仰であり、天然の動植物にも、例えばフグやキノコのように、人を死に追いやる毒をもつものもある。スイスの科学者パラケルスのいうように、「すべての物質は毒であり毒でないものはない。要は用量が毒と薬を区別する」といえよう（文献7）。第二次大戦後即効性が先行し、ＤＤＴ、ＢＨＣ、パラチオンなど、安全性に欠ける農薬が多数使われたが、その後低毒性のもの、毒性があっても動植物体の中に残留する確率の低いもの、残留しても基準を超えないもの、さらには自然を汚染せず分解されて毒性が消えるといった農薬の作出に、大きな努力が払われてきた。また農薬散布を避け、蜜蜂等害虫の天敵となる昆虫を利用して解決する「生物農薬」の考え方が普及してきた。ただ農薬も、国によって使用と規制の仕方が異なり、国際化時代にあわせ、今後統一していく必要がある。仮に製造基準や使用基準が守られても、消費者の不安が消えることはなく、今後も不断の研究努力が必要である。

化学肥料の多用と土の死

経験的に肥料に近い考え方は、早くからあったに違いない。しかし科学としての肥料の発見と議論の展開はそう古いことではない。植物を育てる有効な肥料分は、有機的な腐植質かそれとも無機質かといった議論が、一八世紀末以降テーアやヴルッフェン、そしてリービッヒらによってなされた。こうした議論の中で、中世以来の休閑（三年に一回農地を休ませ、有機質を蓄積する農法）を伴う三圃式経営から、経営内の有機質循環を目指す近代的輪作経営（舎飼い畜産により有機質養分を循環利用して、休閑をやめ農地を連続有効利用する農法）へ、さらには人工的な無機質養分の利用による集約化、単収増大へと、農業生産は急速に進化していったのである。

植物の栄養素は窒素、燐酸、カリの三要素からなるとされるが、このうち最初の無機質肥料である過燐酸石灰の原料は動物及び人間の骨であった。当時ヨーロッパでは、人骨を求めて墓地や古戦場が掘り返され、農業生産力が高められた。日本人には、墓地を掘り返す心情に到底理解できないものがあるが、それほどに農業生産向上の要請とメリットがあったといえよう（文献8）。以来近代農業において肥料は不可欠のものとなった。しかし、しだいに人工の化学肥料に依存する比率を高め、新たな問題を発生させている。

化学肥料のみに頼り、かつ多投していくと、土中の菌類やバクテリアは死滅し、「土の死」が始まる。土中の有機物の減少と微生物の死は、無機質を好む嫌気性生物の占領するところとなり、植物は健康さを失い病気にかかりやすくなるとされる。そうなると、農薬の利用が増える。つまり生態系のバランスが崩れ、環境悪化への悪循環が始まるのである。この悪循環を克服しようとするのが、有機農業の思想である。有機農業は、家畜の糞尿やそれを利用した堆肥など、有機質肥料の利用促進と減農薬を心掛け、食の安全と環境の保全を目指す。しかしそれはしばしば単収の減少や投入労働力の増大を結果し、農産物の生産コスト高へと反映する。したがって、消費者の学習と理解がなければ、有機農業は成り立たない。農産物の理想は、消費者から見れば「安全・安価・美味・見栄えのよさ」といえるが、そのようなすべてそろった理想の食品の生産は、困難極まりないことを知らねばならない。

食品添加物と飼料添加物

現在世界の食品添加物は約五四〇種類あり、味・色・つや等の外観、粘り、硬さ等の質感、加工しやすくするための補助、腐食防止等のために用いられている。これらはラットかマウスの動物実験を通じて、安全性を確認し、許可制を通過したものとなっている。先進国の消費者は、こうした食品添加物消費量が一人当たり年間七〜八キロ、金額にして二〇ドル相当であるという。しかしイギリスのミルストン、ラングらの見解によれば、「安全性試験で人体実験は許可されておらず、動物実験にとどまっていることなど、多くの深刻で解決されていない問題があり、組み合わせによっては大きな危険につながることも検証され、ヨーロッパでは合成着色料の使用量削減の動きもある」と伝えている（文献9）。

事件として表面化しなくても、現代の食品には、合計数百種類の添加物が使われている。添加の目的は、図13のように味、質感、加工補助、安全性向上、外観等となっている。少量なら無害のは

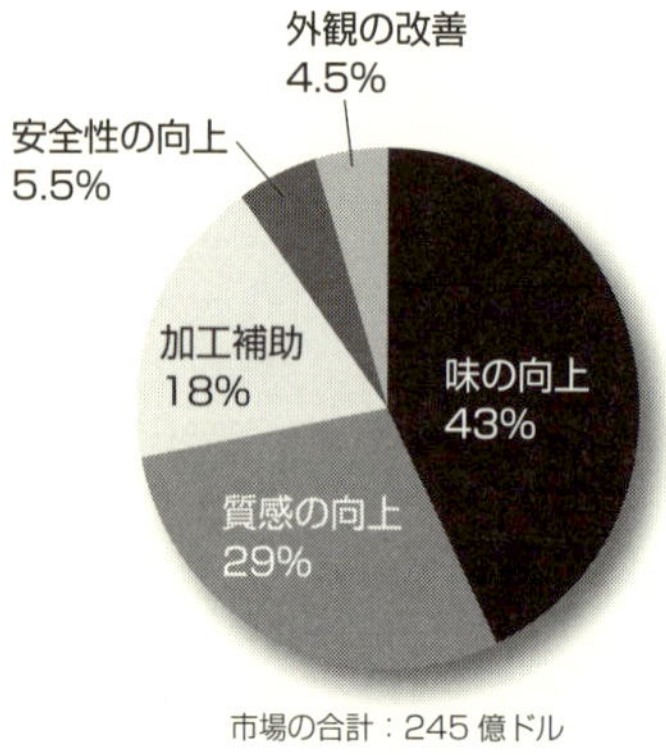

図 13　食品添加物の機能別シェア（世界市場、2004年）

出典：M. スネル『食料の世界地図』大賀圭治 監訳、丸善、2009、90 頁。

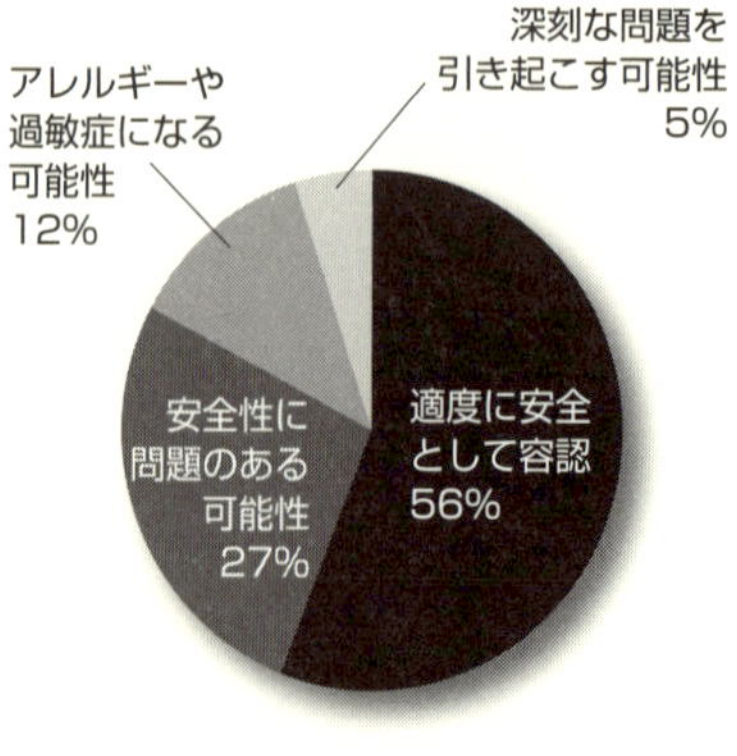

図 14　食品添加物の安全性の程度

出典：図 13 と同じ資料より作成。

ずだが、個々に添加量の点検をするわけではない。現在は輸入品が多く中間生産物が何回か業者の手を経ること、また数種類の添加物による複合作用など心配は尽きない。腹痛などはないが、強い甘味や辛味、ハーブの香り等で、少々の薬品臭は打ち消されていると思う時もある。

大人になってしまえば影響は少ないが、成長期の子供や若者には、事は重大だ。アトピー性皮膚炎や、かつてなかったような種々の病気など、食品と関係がないとは言い切れない。図14のように、イギリスのミルストーンは五〇〇余の食品添加物のうち、五％が深刻な被害を与える可能性があり、一二％はアレルギーや過敏症を引き起こす可能性があり、二七％は予期せぬリスクが潜む可能性があるとしている。私たちは世界中からやってくる、このような食品に囲まれ、体を蝕み、緩慢な死を生きているともいえよう。

また工業的大規模飼育方式を採る現代の動物飼養過程において、牛のリフトバレー病や口蹄疫、家禽類のインフルエンザやニューカッスル病などの予防のための抗生物質投与、家畜のストレスや胃腸の調整のための薬剤、牛の搾乳量増加、成長促進のためのホルモン剤投与もあるとされ、これらが人間の抗生物質使用の効き目を弱めたり、健康や生殖機能に影響を与えるとして、それを使った肉の取引を拒絶している国もある。

また生産過程の動物のストレス低下や動物愛護の観点から、例えばＥＵでは鶏のケージ飼いの枠の広さの拡大、輸送の際の丁寧な扱い等の規定を設けた。さらに二〇一二年からの鶏の多段式ケージ飼育の禁止、二〇一三年からの雌豚の妊娠期間用の木枠（豚舎）内飼養禁止条例を採択している。この点アメリカ等では動物福祉の観点は非常に遅れているとの指摘がある。

また大農圏では、膨大な収穫物の収納が難しくて野積みされたり、遠距離輸送中に害虫の発生や船底での腐食が起こらないよう、大量の防虫・防腐剤を散布しているとの見方もある。上記のような諸点について、日本ではあまり問題にされていないが、消費者庁が発足したことでもあり、十分な検討が必要だ。

鳥インフルエンザ、BSE

近年鳥インフルエンザ等、家畜由来の人間の病気が猛威を振るっている。日本だけでなく、途上国を含む世界的な規模で、家畜と人間の同じ病気の蔓延が恐怖心をかきたてている。世界動物保健機構によれば、危険で伝染性の高い家畜由来の病気が、上記のほか牛、羊、山羊などの青舌病、牛類の伝染性胸肋膜肺炎、豚とイノシシのコレラ、羊疫・山羊疫病等々、少なくとも一五種類以上あるとしている。

それらが世界的規模で蔓延して、大量の牛や鶏の処分がなされ、それによって農企業が倒産するケースはほぼ日常的となった。それらはしばしば風評被害をもたらしたり、価格の暴騰あるいは暴落といった二次被害をもたらす。その動向は、途上国の最貧層に最も深刻な影響を与えることも分かっている。

二〇〇一年に千葉県で感染の疑いのある牛が発見されたＢＳＥは、一九八六年イギリスで発見され、人間のヤコブ病などとの関連が指摘された。この病気の元とされる肉骨粉は、家畜の骨や皮、内臓などを粉末にして再利用する発想で生まれた。しかしそれには、ＢＳＥの病原体となる特殊蛋白の異常プリオンが含まれ、これが関係しているのではないかとされた。当時日本では十分認識されず、対応が遅れたとの反省がある。その後アメリカ産牛肉等について、育成の期間や伝染の恐れのある背骨の部位の除去等を規定して輸入許可をする制度を作ったが、背骨つき牛肉が混入していることが時々問題になっている。

またこうした病気の発生や蔓延を防止しようとして、生産者や流通業者がますます薬剤の投与を増やすなどの恐れもある。

数々の食品偽装

食品の偽装はしばしば新聞をにぎわし、私たちの食を不快なものにしているが、その歴史は商品経済とともに長い。

ロンドン市民の化学者アークムは、一八二〇年に『食品の混ぜもの工作と有毒な食品について』という本を著し、食品についての市民の認識を革命的に変えたといわれる。それは「深鍋の中に死がある」という標語で人々の目をひきつけ、市場社会に出回る食品の背後にある利益追求の貪欲さと、食の恐ろしさを初めて暴き出した。彼は「子供のカスタードが月桂樹の葉で有毒なものになっていること、紅茶がリンボクの葉でごまかされていること、菱形飴がパイプ白色粘土から作られていること、胡椒には掃き寄せた床の屑が混ざっていること、ピクルスは銅で緑色になっていること、菓子は鉛で赤く染まっていること」等々を書き連ねたのである（文献7）。

こうした偽装の歴史は枚挙に暇がなく、現代とて同じではなかろうか。そして、ここ一〇年余の間に起きた、食品をめぐる国内外の事件には、実にさまざまなタイプのものがある。

一九九六年岡山県でO157による集団中毒事件が発生した。なぜか類似の事件が続き、大阪堺市内では多数が対象となる学校給食を通じて事件が起こり、九五〇〇人が感染、三人の児童が死亡した。厚生省は食材調査の結果、これらの事件に共通して利用されている食材はカイワレ大根であるから、それが原因となっている可能性があるとの見解を示した。各紙はほとんど断定的にこれを報道、カイワレ大根は一斉にスーパー等の市場から姿を消した。苦労して人気商品に仕上げてきた生産農家は、思いもよらぬ突然の窮地に立った。

しかしカイワレ大根生産農家の現場と施設をいくら調べても、O157は検出されず、原因とされた理由は宙に浮いた。そしてこの事件はついに迷宮入りとなった。迷惑をこうむったのは生産者で、いわれのない損害を受けた。安易な原因究明と公表、ジャーナリズムのマイナス面が目立つ、いわゆる風評被害の事件であった。これは松本サリン事件で、最も悲惨な被害者の一人であるにもかかわらず、当初犯人と断定的な扱いを受けた人の事件に似ている。泣くに泣けない話である。

また二〇〇六年六月、雪印乳業大阪工場が生産した脱脂粉乳ヨーグルト等を飲み、約一万五〇〇〇人が食中毒となった。原因は原料として使用した雪印北海道大樹工場生産の低脂肪乳に、ブドウ球菌の出すエンテロトキシンが含まれていたこと、またその直接の原因は、三時間の停電が起こったため温度管理上の問題が発生し、ブドウ球菌が繁殖したことにあった。さらに調査を進めると、配管の洗浄方法のいい加減さ、古い原料が再利用されているといった管理上の基本的問題が浮かび上がってきたのであった。

同じ雪印の関連組織である雪印食品が、二〇〇二年食肉偽装によって濡れ手に粟の利益をあげた。当時農水省が国内でＢＳＥの疑いのある牛を発見し、全頭検査に踏み切った。検査前に解体した牛については、会社の不利益を補填するため、一定の価格で買い上げる措置を取った。このとき、雪印食品は輸入肉を国産と偽って大量に差し出し、法外な利益をあげた。このことが発覚し、雪印関連産業は相次ぐ不祥事に信用を失墜し、雪印食品は廃業に追い込まれた。これはまさに企業倫理にかかわる問題であった。二〇〇七年、老舗の不二家が消費期限・賞味期限の切れた原料を使用していることが発覚、ずさんな品質管理が明らかになった。同社は二〇〇二年に、「逃げず、隠さず、偽らず」という行動規範を定め、「お客様に安心と満足を届ける」という立派な宣言をしていただけに、顧客の信頼は一気に失墜した。全国の販売量は不振となり、危機に直面した。

同様の事件だが、高級料亭とされてきた吉兆は、上品な味の料理や器、そして庭や部屋の雰囲気、サービス等を売りものにしてきたが、先客の食べ残しを次の客へと使いまわしていることが分かり、一挙にイメージを壊し、客足は遠のき、廃業の憂き目を見た。

産地偽装

また別のタイプの産地偽装がある。二〇〇七年ミートホープ社は、美味しいハンバーグを生産する会社として学校給食にまで利用されていたが、牛肉と偽って豚肉を使い、味付けで実態をごまかしていた。また伊勢の名物赤福もちの生産で、消費期限切れ回収品の再利用が行われ、関係各社は窮地に立った。さらに台湾産のうなぎ、中国産のたけのこ料理などを、国産と偽って高価に販売するなど、あげればきりのないほど事例がある。

二〇〇八年には、ミニマム・アクセスの約束で無理に外国から購入したコメを飼料米、糊など加工用の米として、農水省公認の関係機関から低価格で購入、一般の食用米に混入させ、右から左へ売り渡すだけで数倍の利益をあげていた事件もある。全国の食品関連企業、食堂、料理店などは、大小合わせれば実に多数あり、このような例が出るたびに、その実態に不安がつのる。

食品偽装のほとんどは、それぞれの企業の倫理観にかかわるものであり、国民の外食、レトルト食品が増加しているだけに、絶えず倫理の確認、引き締めが必要だ。食品の原産地表示、添加物表示、消費期限や賞味期限の明示とともに、検査体制の強化、トレーサビリティーの充実によって、いっそう責任の所在を明確にしていく必要がある。こうした事件は食品に限らず、三菱自動車のリコール隠し、一級建築士の建物強度偽装事件などが日々起こっており、企業や技術者個人の倫理観が問われる問題である。

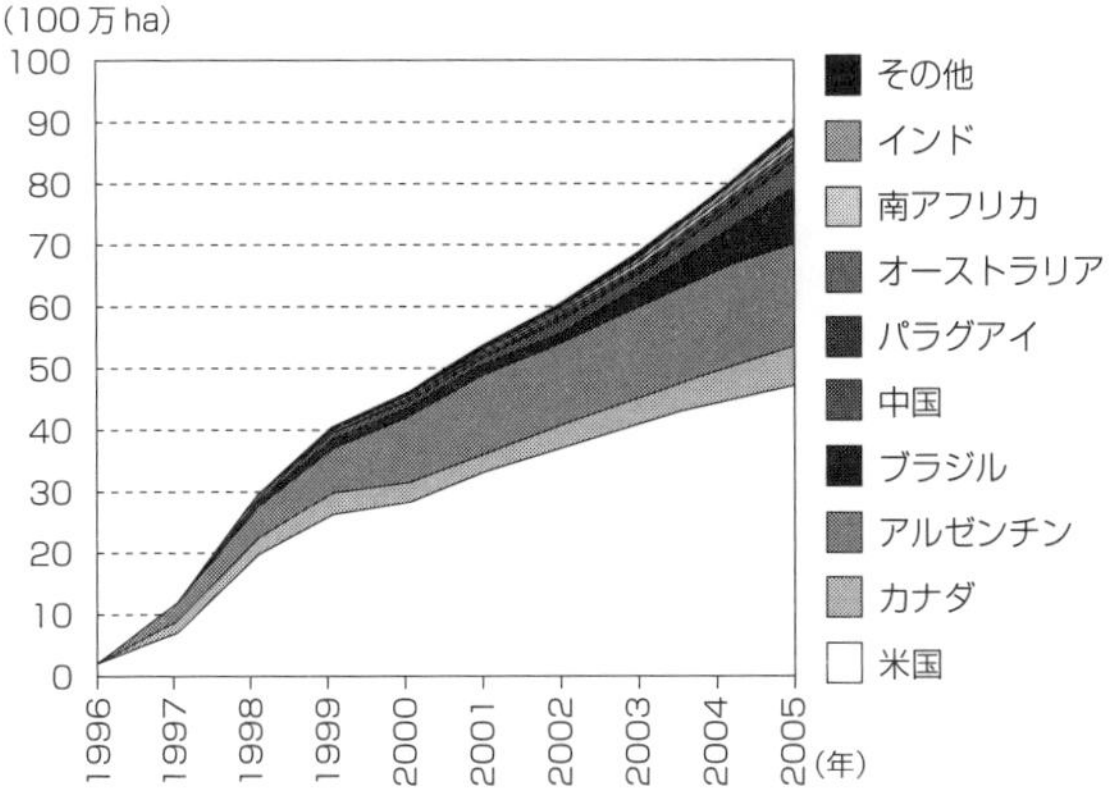

図15　遺伝子組み換え作物の国別作付面積推移

出典：図6に同じ、63頁。ISAAA（国際アグリバイオ事業団）より。

遺伝子組み換え作物の食用化

遺伝子組み換え技術は、一九五三年クリックとワトソンによって遺伝子の分子構造が明らかにされて以降、急速に進んだ。そして一九八四年に初めて、組み換え作物が試験生産された。その後一七〇種類以上の遺伝子組み換え作物が試験栽培され、一九九六年以降商業的生産がスタートした。そして世界的に見れば、現在かなりの遺伝子組み換え食品が消費される状況となっている。

遺伝子組み換え作物が食品として安全なのかどうか、確たることが言える状況にはない。しかし現実には、耐病虫害性、耐寒性、耐農薬性等々があるとの理由から、各作物とも世界的に作付けが急増していることは間違いない。図15のように、

表5　遺伝子組み換え作物の国別・作物別シェア

	大豆	トウモロコシ	綿	ナタネ
米国	93	52	79	82
カナダ	60	65	n/a	95
アルゼンチン	99	62	50	n/a
南アフリカ	65	27	95	n/a
オーストラリア	n/a	n/a	90	n/a
中国	n/a	n/a	65	n/a
パラグアイ	93	n/a	n/a	n/a
ブラジル	40	n/a	n/a	n/a
ウルグアイ	100	n/a	n/a	n/a

出典：図6に同じ、63頁。ISAAA（国際アグリバイオ事業団）より。
注）n/a(not applicable)：該当なし

一九九六年はほとんどゼロだったが、その後急角度に増えている。表5を見ると、特にアメリカ、カナダ、アルゼンチンといった大農圏で増えている。ただ単収を飛躍的に上げるという意味での遺伝子組み換え作物研究の成果は、量の不足、食料価格の高騰の問題と絡んで期待されるものの、それほど進んでいないとも言われている。

遺伝子組み換えは比較的時間のかかる従来の交配によらず、作物間の特性を遺伝子レベルの操作によって組み換え編成して、新たな望ましい機能をもった作物を創出することにある。それだけでなくバクテリアやウィルス、動物などと植物の遺伝子を相互に組み込み編成することも可能とされるが、さすがにそれはさまざまな観点から市民の抵抗が強い。その理由は、①組み換え作物と本来の作物間に交雑が起こり、動植物界が撹乱される、②それは同時に環境問題、自然界全体の撹乱を引き起こす可能性がある、③関連植物を食する動物たち、昆虫たちに影響が及ぶ等があげられている。

こうした点を含めて、現在のところ国民の間では非常に不安があり、専門家の見解も異なっている。しかし現実に組み換え作物の生産と消費が急増していること、人口増加、環境上の制約、気象異変等のことを考えると、将来は好むと好まざるとに関わらず、その成果次第ではあるが、遺伝子組み換え作物に頼らざるを得なくなる可能性もある。

3　飽食の果てに

日本の食の変化

第二次大戦後の高度成長とともに、日本人の食生活は一変した。まず食事の中心と考えられた米の消費は、戦前の年間一四〇キログラム（一九二〇年代）から現在は六〇キログラム前後へと半分以下となり、代わってパンと牛乳、小麦を使った麺類、肉類、果物の消費が増大した。これらは「食の近代化＝洋風化」として国民の間に広く定着していった。図16は日本人一人当たりの食品種類別消費量の変化を示したものだが、米の激減のほか、イモ類の減少、牛乳・乳製品、肉類の急増、野菜、果物、魚介類、小麦の増加が見て取れる。

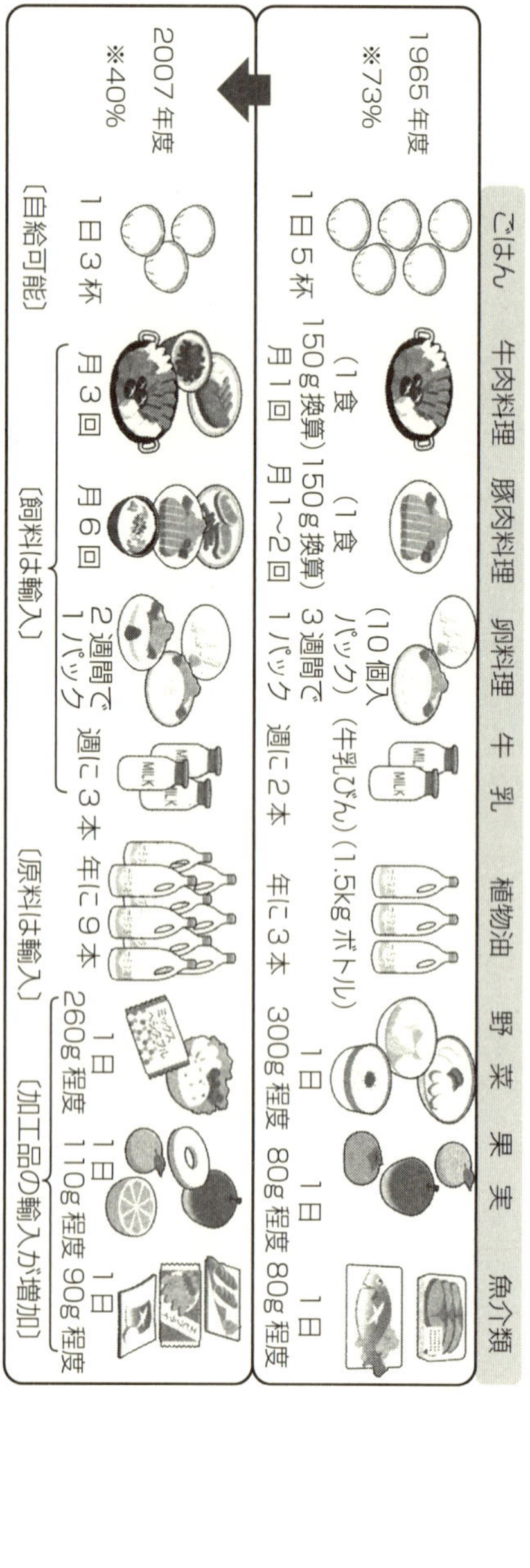

図16　1人当たり食事の内容と量の変化

出典：農林水産省「食料・農業・農村の動向」2009年、56頁。
資料：農林水産省「食料需給表」を基に農林水産省で作成
注）※は供給熱量ベースの総合食料自給率

もう一つの大きな変化が輸入品の増大である。日本人の食卓は、半分以上が世界各地からの穀物、肉類、果物、野菜等で占められている。豆腐や味噌など日本食の最も基本的な食品の原料となる大豆は、最近は若干増えたものの、国内産は五%程度となっているのである。バナナやマンゴー

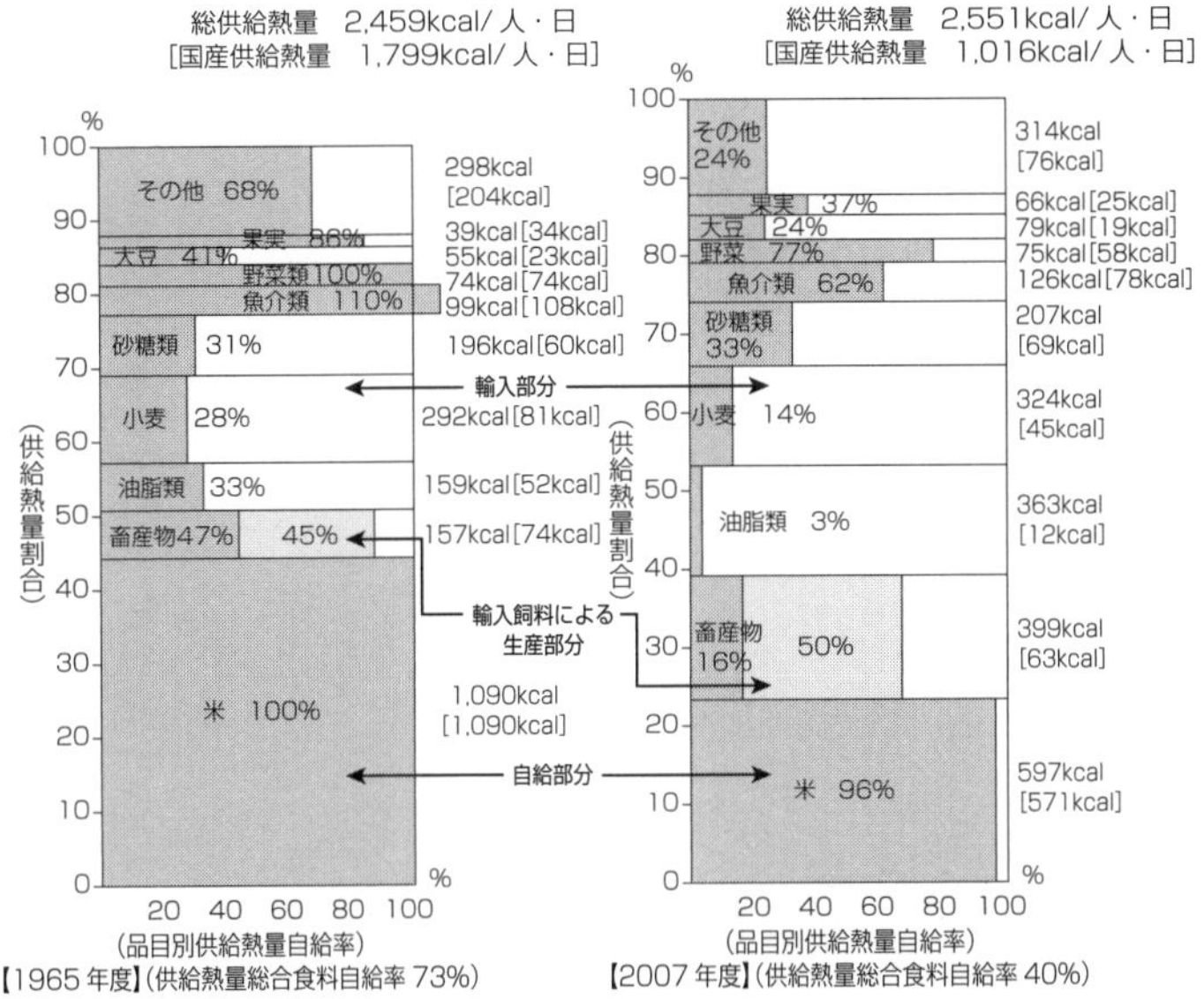

図17　供給熱量の構成の変化と品目別の食料自給率（供給熱量ベース）

出典：農林水産省「食料・農業・農村の動向」2009年
資料：農林水産省「食料需給表」
注）［　］内は国産熱量の数値

など、日本では生産できないものは輸入するとしても、全体としてあまりに海外依存度とりわけアメリカ依存度が高く、国民へのアンケートでは、いつも食料確保への不安と自給率向上の要請が強く出てくる。

かつてイギリスが、一〇三〇年代に主食ともいうべき穀物自給率に限って四〇%前後にまで、カロリー自給率では四八%まで落とした時期があったが、戦後は一貫して自給率向上に努めている。現在日本はカロリー自給率四〇%を維持するのがやっとという状態で、さらに海外から輸入を迫られている。都市国家のシンガポールや山岳地が多くて農地の少ないスイスなどは別として、相当数の人口を有する国で、これだけ自給率を落とした国は、歴史的にもまた現在も存在しないのである。

食の乱れ

こうした食生活の変化の中で、肉や魚の摂取量の増加もあるが、脂肪は糖質や蛋白質に比べ二倍以上と増加し、これが国民の肥満と不健康に結びついている。肥満は生活習慣病を誘発する。高血圧症、糖尿病、高脂血症、高尿酸血症、動脈硬化症、胆石、脂肪肝、乳がん、心臓病、脳卒中等々である。肥満でない人と比べて、二〜三倍あるいはそれ以上の発症率があるとされる。こうした状況は若者や子供にも広がり、いまや成人病とはいえず、生活習慣病と呼び変えられるようになった。

これらは飽食や美食のゆえでもあるが、生活様式の変化も大きく影響している。高度成長が一段落した時、いったんは「ゆとりの時代」「心の時代」「真の豊かさの時代」などといわれ、土・日の休日化も含めて、労働時間の短縮に向かった。しかし低成長期、さらにはバブル崩壊後には、逆戻りして雇用・労働環境は厳しさを加えていった。経済生活の豊かさが、まずまず現実のものとなるにつれ、労働組合の力は衰え、労使協調路線が進んだ。また発展途上国、特に韓国、台湾、次いで中国、インド、ロシア、ブラジル、さらにはＡＳＥＡＮ諸国等々が高度成長を遂げる一方、先進国間の貿易摩擦も加え、国際競争の荒波が日本経済を競争力強化という煉獄の中に投げ込んだのである。

労働時間は再び増加し、夜遅くまで働き、朝は起きるのがつらく、しばしば朝食抜きで出社し、昼食は間に合わせの弁当を食べ、夜は接待や付き合いの食事と、生活の多忙化でストレスがたまり、食の乱れと健康問題が生じた。急いで食事を取ると、満腹感を感じる前にお腹は膨らみ、栄養過多、脂肪過多が進むのである。「過労死」「帰宅恐怖症」「メタボリック・シンドローム」などという新たな言葉が次々生まれた。

子供の食の乱れ

成人と同時に、子供たちの食の乱れが問題になった。かつて私の子供などは、学校給食で先割れスプーンを利用していた時代に育った。フォークとスプーンを一つにしたような形だが、リンゴを突き刺す時は落ちそうだし、スープを飲む時はこぼれそうで、ほとんどの小学生が、食器の上に顔を近づけて食べる「犬喰い」が一般的になった。その後先割れスプーンは廃止となり、日本の食文化を象徴する箸を利用するようになった。しかし、しだいに主婦も含めて女性が職場に進出し、少子化で兄弟姉妹の数は減った。そこで食のしつけはもとより、子供たちに対する厳しさはなくなり、自分の子供にまで「……してあげる」という敬語調の言葉の普及に象徴されるように、比較的甘く育てられるようになった。

千葉大教育学部の明石要一は、食の内容、食生活のリズム、食の作法の三つの面から、子供たちの食の乱れを指摘している。例えば食の内容については、①親が子供の好きなものだけを与える。②千葉県銚子市の小学校の朝食の調査（NHK特集、二〇〇九年）では、全く朝食を取らないものは五～八％、食べてもクッキー、チョコと牛乳、カップ麺などに少なからず偏っている。③全体としてボリュームの少ない「貧しい食事」だというのである。

また食生活のリズムについては、①間食が増え、夕食前に一～二回、夕食後もテレビを見ながらスナック菓子等を口にする。②間食は軽いので、すぐに空腹となりまた何かを口にし、食のリズムを壊す。特にポテトチップスなどを食べ過ぎないよう、最近はメーカー自身が抑制に動き始めてさえいるという。

さらに食の作法については、①箸がうまく使えないし、三度三度のことでありながら、親の指導も行き届かなくなっている。②「いただきます」「ごちそうさま」のしつけも廃れている。これは食への感謝の念の有無とも関連する。③一家団欒が減り、孤食（一人で食べる）、個食（家族の食べ物がそれぞれ違う）が増えている。その他、「偏食」だけでなく、「残食（食べ残し）」が多いことも問題になっている。

もっとも文部科学省の調査（二〇〇九年）では、食育の成果であろうか、朝食をとる傾向は徐々

に増えてきているようだ。（日経新聞、二〇〇九・一二・七）

若者たちの食の乱れ

高校生や大学生など、若者の食もまた不安定である。

高校生の食生活調査（文献10）によれば、毎日必ず朝食を取る者は六八％で、およそ三分の一が食べたり食べなかったりしている。その理由は、受験勉強のためと思われるが、「朝起きるのが遅い」「食欲がない」などである。夕食も塾や習い事があり、高学年ほど家で食べる回数が減る。また半数強が、夕食前に二～三回間食をする。一般にジュース等の流動性の飲み物を好む傾向が強いとされ、決して健康的な食生活を送っているとは言いがたい。大学に入れば親元を離れるので、いっそう乱れる可能性がある。

日本赤十字社によると、若者がせっかく献血を申し込んでも、不合格になる者が増えている。ある九州の女子大では、申込者の七割が献血できないケースがあったという。鉄分の不足で、血液が基準よりも薄い比重不足だというのである。診察が必要なほど、貧血の症状にある者も多いとされる。

全国大学生協の調査（二〇〇九年）では、図18のように、この七～八年大学生が食費にまわす額は大幅に低下し続けている。他方で未曾有の経済不況の中、学費免除申請も激増するなど、この傾

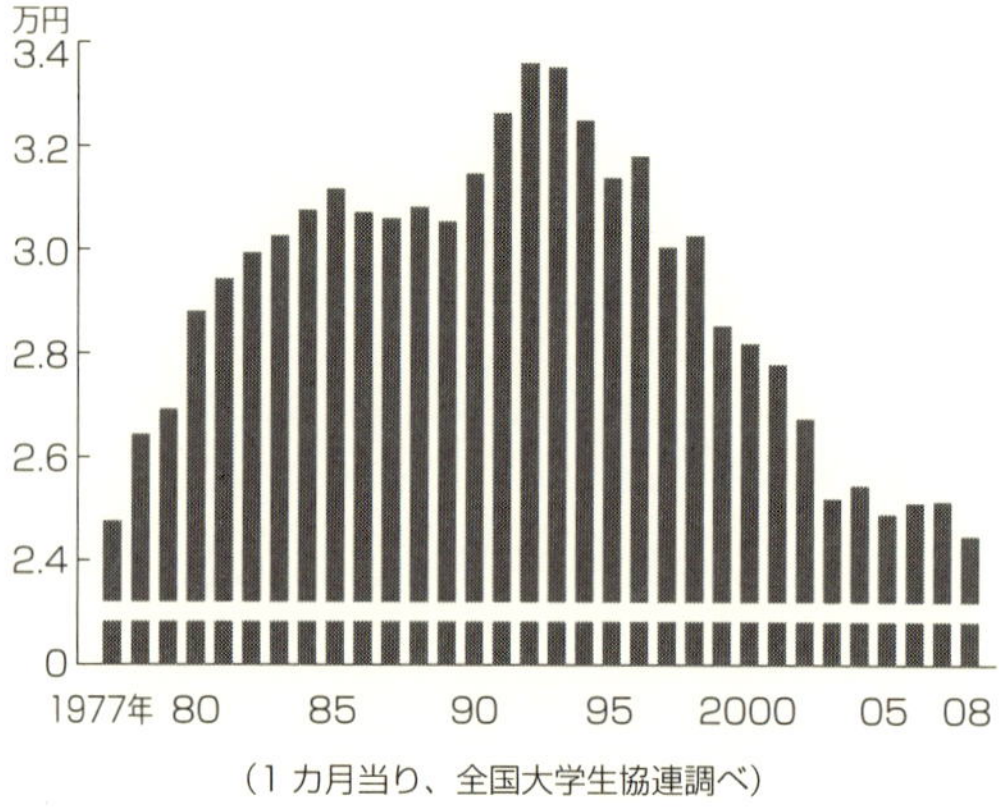

図 18　一人で暮らす大学生の食費はここ 30 年間で最低に

出典：日本経済新聞 2009.12.7

向はさらに進み、若者の健康問題も深刻化するであろう。一方では、食への関心も薄く、偏食や無理なダイエットをする者が目立つこと、自炊の能力も低い等々の結果が示されている。昨今の若者はコミュニケーション能力が低いなどといわれるが、大学で昼食をトイレ内で取る者が少なからずいるという。友達がいない、何を会話していいか分からないなどが理由だという。生活相談室に来る者が増加し、かつ精神的な悩みをもつ者が多くなっているのは、全国の大学に共通した傾向である。（日経新聞、二〇〇九・一二・七）

表6　家族団欒の曜日ごと確率

(%)

	1982年	1994年	2006年
月曜日	36.3	27.3	24.5
火曜日	36.3	18.8	21.9
水曜日	42.6	24.7	23.4
木曜日	37.7	19.2	18.2
金曜日	29.9	15.1	19.0
土曜日	77.8	65.7	60.2
日曜日	89.4	91.9	81.0

出典:「食生活データ—総合統計年報」アーカイブス出版、2008年。

少ない夕食の団欒

子供から若者に至る食の乱れの背景には、核家族化の進行と団欒機会の減少、茶の間へのテレビの進出などもあげられよう。家族全員の夕食は、決して楽しいことばかりではない。時には、父親の小言や叱責の場ともなった記憶は、多くの人にあるだろう。しかし全体として家族が世間話、学校での出来事、地域のこと、家族のことを語り合う場であり、絆を取り戻す最も重要な時間であることも確かである。その夕食の団欒が年々減少していることが表6から分かる。一九八二年以降の数字だが、すべての曜日において、もともと少ない団欒の場がいっそう減少しているのである。

生理学研究所（愛知県岡崎市）の動物実験で

は、食事を美味しく規則正しく食べると、血糖値の上昇が抑えられることを確かめた。体内リズムに関わる脳内ホルモンの放出が活発になり、筋肉の糖分の取り込みを促進するという。現代病として、老若男女の区別なく、増え続けている糖尿病の治療に役立つと期待されている。(日経新聞、二〇〇九・一二・三)

また京大理学部でゴリラ、チンパンジーなどを研究する山極寿一は、霊長類にとって食べ物は仲間との間にけんかを引き起こす元であり、それを避けるため互いに離れて個食するという。会食は人間以外の霊長類には見られないものだというのである。人間は会食を好み、分け合い、団欒する。また人間には黒い瞳と白目があり、その動きは相手の感情や思いを察知するのに好都合であり、互いに向き合って目を見つめあい、コミュニケーションを有効にする。類人猿はこの白目がなく、人間のようにはいかない。人間は食の共同によって高度化し、家族や社会を構成してきたのではないか。個食はその人間らしい共感の場を失うことであるという。実にユニークな観察というほかはない。(朝日新聞二〇〇九・一一・三〇)

4　和食（日本型食生活）の行方

学校給食が残したもの

果たして日本の食はどうなるのか。米余りや和食の変化を決定的にしたのが、学校給食のあり方である。学校給食は、一九四六年以降、アメリカの労働関係一三団体の組織であるアジア救済連盟が、第二次世界大戦後の生活物資の不足に悩む日本や韓国を対象に、食料、医療、薬品等を供与する活動から始まった。

一九五四年に学校給食法が成立、小学校を中心に、「パン等、脱脂粉乳ミルク、おかず」の、いわゆる「完全給食」などと呼ばれる形で、本格的に行われるようになった。現在の五〇代以下の人たちは、こうした学校給食の下で育った。最近でこそ週五回の学校給食のうち、米利用の日が平均三～四回程度に上がってきたが、当初学校給食といえばパンと牛乳だけであった。

当時日本は米の生産量が増え、次第に食料不足から脱出していったが、逆にアメリカは食料援助の延長上で、日本を有力な農産物市場と捉えるようになっていた。どこからともなく「パンを食べると賢くなる。コメを食べるとガンになる」といった風評が流れ、パンと牛乳の導入が「食生活の近代化」であるなどと謳われた。それが、日本を小麦やトウモロコシの市場として確保しようとするアメリカの考え抜かれた食料戦略であったことは、後にアメリカ自身が認めている。当時『頭の良くなる本』などがベストセラーとなり、こうした観念を一層植え付ける結果になった。

こうした学校給食で育った女性たちは、母親になり、台所に立った時、あえてコメを重視しなくなったのは当然の成り行きであった。日本の米消費量は、みるみる減少した。そして、一定規模を持つ一つの国や地域としての穀物自給率は、世界史上例を見ないほど低下し、ついに二〇〇七年には四〇%を切った。食の幅と内容が広がるのは、それ自体豊かさの象徴である。しかしわずか三〇年ほどの間に、ここまで食生活の内容を変えた国は、世界的にも例がない。学校給食は、「ご飯を減らしなさい。ご飯を減らせば健康で頭がよくなる。これが食の近代化だ」といった潜在意識を埋め込んだのである。私は、この経緯が米の運命を変えた最大要因と考える。

「完全給食」と呼ばれる学校給食が始まった一九五四年頃は、どこもパンのみの状態であったが、図19のように、次第に変化が現れる。福井県等一部の地域で米飯給食が取り入れられるようになり、しだいに普及する。今回（二〇〇八年）の食料危機の中で、その方向が加速し、週五回とも米パン、米パスタなども含めて米利用を推進する県や地域が現れ、ほとんど全県で米利用が加速している。米が風土に適し、米が余っている国として、望ましい傾向といってよい。福井、山形、高知

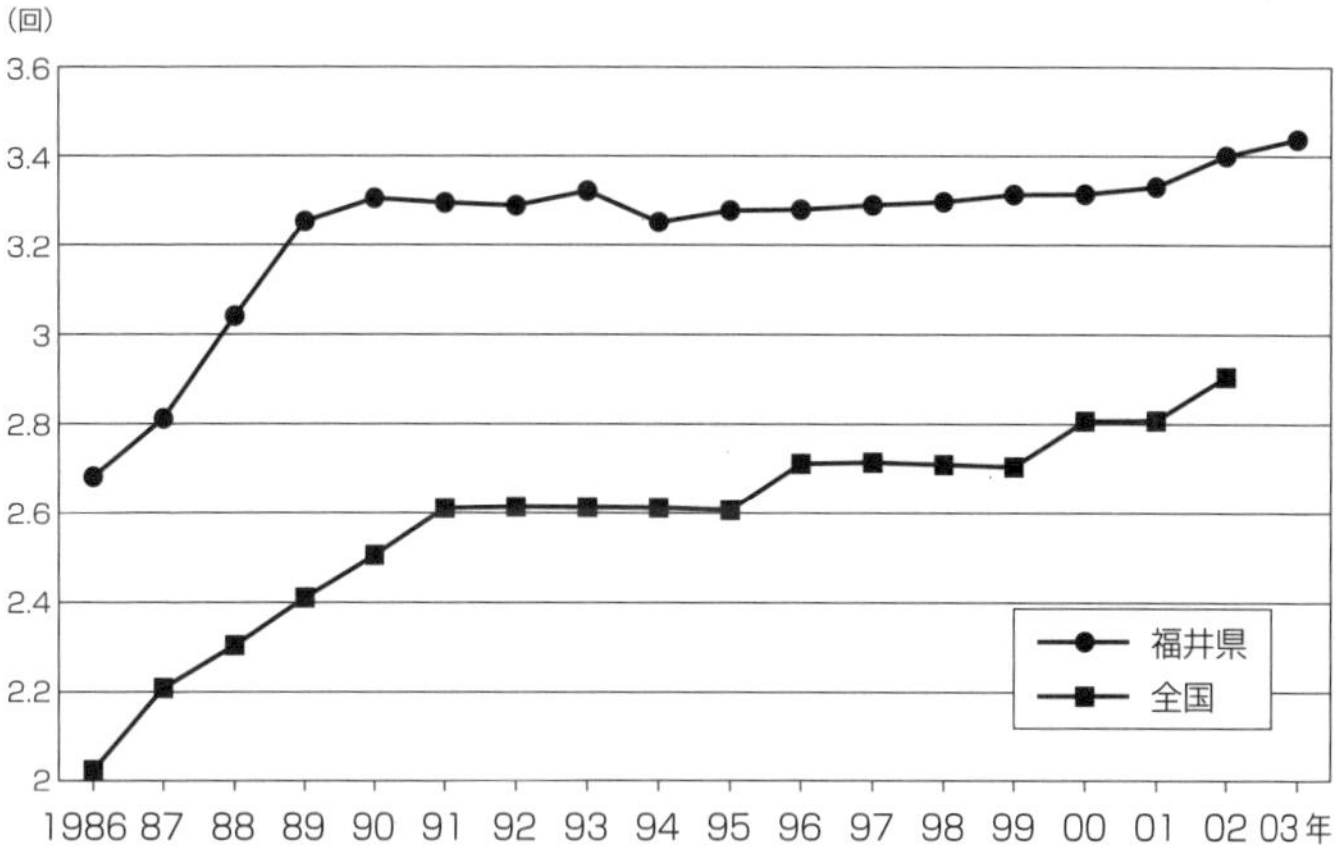

図 19　学校米飯給食が週何日か

出典：福井県農林部資料。注）全国は、学校給食基本調査2002年5月1日現在、文科省健康教育課調べ。福井県は県教育庁スポーツ保健課調べ。

の三県をさきがけとして、徐々に米飯給食の回数が増えてきている。特に福井県は学校給食だけではなく、全国でも一人当たり米消費量が最も多く、かつ近年全国一〜二位の長寿県となってきた。このことは偶然とばかりはいえないであろう。

和食の人気

食と健康の関係については、江戸時代の貝原益軒『養生訓』初め、古今東西に無数といってよいほどの文献が刊行されている。そして多くはバランスの取れた和食を推奨するものが多い。食の欧風化で増えた生活習慣病を意識して、このところとりわけ多くなってきている。機能性食品の研究も進み、特定の栄養素を丸薬のようにしたサプリメントが多数販売され、それだけをバランスよく組み合わせて、食事の代わりにする人まで出てきているという。バランスの取れた和食は、栄養素、色彩や形、味付け等はいうまでもなく、脂肪や蛋白質の取りすぎになりやすい欧風食に比べて、その良さが強調されている。しかし日本国内では必ずしもそちらに逆戻りする傾向にはない。

しかし海外では逆に、ブームといわれるほど和食が評価され、好まれる傾向にある。「なんと太った人が多いことか」。これが、二〇〇六年アメリカ・ワシントンを訪れた時の、私の第一印象であった。普通第一印象は、町の趣きとか、風景や人々の服装などについて感じることが多いが、今回は違っていた。太っているのは、大人も子供も、男も女も、老いも若きも、また人種ごとの差もない。皆同じであった。その太り方も尋常ではなく、日本の比ではない。お腹からお尻にかけ、まるまると、それこそビール樽のような人があまりにも多く目に付くのである。

アメリカのテレビ番組で、太った男性が、お腹に手を当て、スーパーで肉か野菜か迷っているコマーシャルを見たので、アメリカでも皆気にしていることは確かであろう。アメリカの菓子パンは、どの都市でも大変に甘く、まるで砂糖を舐めているようだと思った。珍しくスマートな集団があったので、よく見ると、それは旅行に来た日本人の家族であった。

アメリカの家庭では、最近発達してきた新型のスーパーでの、大量のまとめ買いが通例となってきている。その場合は価格も格段に安いと聞いている。日本のように毎日のようにスーパーに行かず、車で駆けつけ、一週間分一〇日分と段ボール箱単位でまとめて買うのである。新鮮さの問われる野菜の消費が少なく、日持ちのする果物の消費が多いせいもあるかもしれない。そうなれば、日米がほぼ同じ所得レベルとしても、アメリカ人は知らずしらず大食美食に傾いている可能性がある。

ニューヨークの大書店の一角には、ダイエット関係のコーナーがあって膨大な書籍が並んでおり、さすがに関心が高いと感じた。そこに分厚い〝Rice〟（コメ）という本があり、その裏表紙には「米を食べれば、男性で月に一二キロ、女性は一〇キロやせられる」とのコメントが大きく記されていた。とんでもない話で、コメでもたくさん食べれば太るし病気にもなる。呆れるとともに、昨今の外国での和食ブームに隔世の感を持った。

日本食はバランスの取れた食として、確実に関心が高まっている。それは世界的傾向といわれる。先述のように、和食はかなり洋食に取って代わられたものの、まだ基本は生き残っているのだ。肉食が増えたとはいえ、まだ野菜や魚の摂取量の多い和食と、牛肉・小麦粉パン中心のアメリカ食の差であろうか。日本でもメタボリック・シンドロームなどと、肥満が問題になる中で、まだ健康食の典型として意識されているのであろうか。

しかし品目にもよるが、米や小麦粉、野菜などアメリカでの小売店の価格は、概して日本の半分から三分の一と考えてよい。食料は安い方が良いにきまっているが、それだけでなく、日本人の健康状況や、長寿世界一の原因を、食料の品質、安全性、食生活様式、生活観等について、もっと多角的な考察をしてみる必要があるように思う。大農圏の食料大国アメリカの安い農産物に、さんざん悩まされている日本農業であるが、別な生きる道と評価が出てくるのではないか。

5　食の再生に向けて——まず「地産地消」から

食の再生運動

このように見てくると、食の崩壊すなわち「崩食」といってもいいような、日本の食生活、食料事情の姿がある。食料の量と質を安全安心なものにし、飽食の果てに陥っている食の乱れを是正し、私たちの健康な食、健康な心と体、健康な地域、健康な社会を再構築する必要があるだろう。ファスト・フードに代わるスロー・フードの運動、ロハスの運動、そして食育等の運動が起こってきたのはあまりにも当然といえるであろう。

スロー・フード（Slow Food）運動とは、それぞれの土地の伝統的な食材や食文化を見直し、地域の農業につながろうとする理念と実践のことである。この言葉は、一九八六年に食文化雑誌を編集するイタリアのカルロ・パトリーニによって作られた。当時ローマの広場に、いわゆるファスト・フードの代表格であるマクドナルドが開店したが、それが自国の食文化を食いつぶすのではないかとの不安から、それに対抗するために生まれたのである。

またロハス（LOHASU）運動とはLifestyle of Health and Sustainabilityの略で、健康と持続性のためのライフスタイルを目指し実行しようとする運動である。それは健康や環境問題について意識が高く、実践し具体化しようとする人々の考え方や生き方を指し、アメリカで生まれた言葉である。

食育の歴史と現実

近年日本では、「食育」として農業体験や食への関わりが注目されている。食育という言葉自体は、実は明治期にすでに石塚左玄が用いたものである。

食べることについての議論は、貝原益軒の『養生訓』をはじめ、古くから多くの著作がある。その中で現代の食育論議につながる主張として注目されるのが、石塚左玄の食育論である。石塚は一八五一年福井の町医者の家に生まれ、明治期に軍医を務め、退職後食養所を開設、食を通じた健康の維持と病気の治療に当たり、「食医」と称された。石塚は『食物養生論』、『科学的食養長寿論』等を著わし、その中で「天下の本は国にあり、国の本は家にあり、家の本は身にあり、身の本は心にあり、心の本は食にある」などと記している。また「学童を有する民は体育、知育、才育はすなわち食育と観念せざるべけんや」と述べ、昨今の「食育」の原点とされている。子供の食育は家庭教育であり、親自身の食と生活に襟を正す必要があるという。

さらに「郷に入りては郷に従う〝入郷従郷〟の食事法」が大切としており、石塚の後継者が「身体と土地とは一体」と考える仏教思想と重ね、「身土不二」という言葉を強調したとされている。その土地の気候、風土、そして産物や伝統食こそ人々の健康を保つ根源であるとして、今日の地産地消に通じる議論も展開している。石塚の考え方は、近代医学の立場から、情緒的ではなく、化学的医学的考察に基づき具体的な根拠をもって議論しようとする点に特徴がある（文献11）。

二〇〇五年の食育基本法の成立は、石塚の念願がかなったともいえるであろう。もともと食べること、つまり「食事」は祭事、法事などと同じく、人間生活の日常的な事柄でありながら、重要で大切に考えるべき諸々の「事」の一つであり、「いただきます」「ごちそうさま」にその思いが込められていたといえよう。一食ごとに、思想だの教育だのと理念が付きまとう必要はないが、「食の事」を思う機会と体験を持つことが、飽食あるいは崩食などといわれる現代社会の状況の中で、きわめて重要なことといえよう。この点は第8章で細説する。

地産地消の進化へ

以上のような食の再生の動きと連動し、それが総合され、収斂して具体化していく場を与えているものが、それぞれの地域における地産地消の進化と拡大である。地産地消は、人間にとって最も日常的なこととしての動植物を育てること、物を作ること、そして食べることを体験し、あるいは身近に感得できる基本的なシステムである。

さて、私たちが食料を入手するには、図20のように、①各地域内での地産地消、②国内他地方からの移入、③さらに足りないものは輸入、の三段階の方法がある。日本のような小農圏で、しかも中小の都市がある程度分散して存在している国では、各種の農産物の直売、地元加工販売が有効で、近年直売店が全国的に急増し、学校給食での地元産利用も増えている。それは、安価、新鮮、安全・安心、調理法が聞けること、生産者の顔が見える親しみ、地域への愛着等々、生産者と消費者の双方向性をもった、さまざまな経済的社会的要因が作用している。小農経営の日本農業にマッチした行き方でもある。

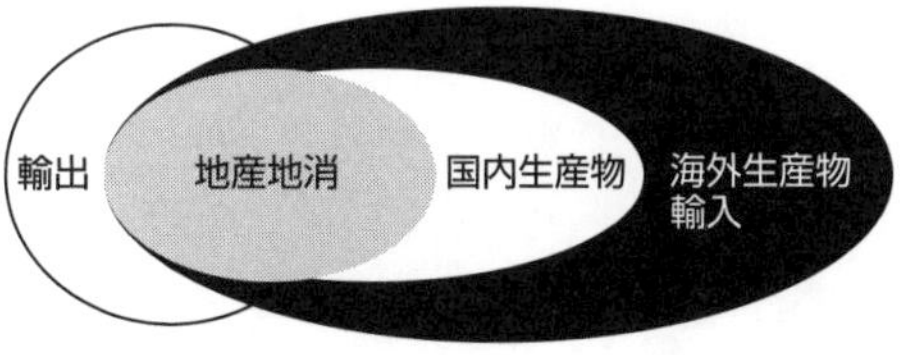

図20　まず地産地消から

出典：『食の安全を求めて』日本学術振興財団（学術会議叢書16号）、祖田報告、2009年。

こうした地道な取り組みを着実に増加させることが重要と考える。実際に、かつて一九八〇年代には、ほとんど卸売市場経由だった生鮮食料品の取引は、近年は六五％程度と低下し、三分の一が直売店等を含む直接取引となっている。ＪＡもしばしば〝米農協〟などと批判されてきたが、今後の最重点課題として地産地消の全国運動を展開するならば、地域社会活性化のための実践として、新たな評価を受けることができるであろう。

現在進んでいる地産地消には、およそ四つの形態がある。つまり、①ＪＡ（農協）中心型、②先進農家中心型（大型個別農家型、農家集団型）、③企業中心型、④組織間契約型等々である。実に工夫に満ちた直売方式が全国的に展開している。農家の主婦が作る地元料理のバイキング・レストランを持つ直売所もあり、大変な人気を呼んでいる。まず地産地消から始め、次いで不足分を他地域からの移入、さらには輸入へと段階を追うべきではなかろうか。

ＪＡ、先進農家中心の直売店

福井県の例で言えば、福井市郊外に、喜ね舎（きねや）というＪＡが経営する直売店がある。ここには、傘下の農家が持ち込む農産物や加工品が所狭しと並ぶ。米や各種野菜はもちろん、餅、お菓子、種々の料理のパック、それをまとめた弁当、酢や醤油、味噌等々の加工品が並ぶ。一角にはパンコーナーがあり、すべて米粉で作ったパンである。さらに花や観葉植物の鉢、簡単な木材加工品まである。そこには多くの主婦が車で駆けつけ、ごった返すほど盛況だ。私の妻も、新鮮で長持ちすることを認め、野菜類を数日分まとめ買いする。トマトも何種類も並ぶが、野菜には作り手の個人名や有機農業グループの名前が掲げられ、安全であることの説明がしてある。

また先進農家が中心となっているものに、ファームヴィレッジ・サンサンというのがある。認定農業者等、地域を代表する熱心な者を中心に、約三〇の農家が集まり、アイデアを出し合って立ち上げた直売店だ。ここも喜ね舎と同様、米、野菜、果物、各種加工品はもちろん、酒や魚も仕入れて消費者の便を図っている。農家の趣味グループが作った、手芸品の人形まである。中心となる農家のほかに、わずかな出荷も入れると、合計二〇〇戸近い農家が関係しているという。現場で焼いた温かい米粉パンが、ガラス棚に並ぶ。外には、小さなガーデンに池や東屋、温室等があって、各種種苗の販売もしている。さらにその背後には、何棟かのハウスがあり、野菜や花の栽培をして持ち込んでいる。

ここが特にユニークなのは、素敵なレストランがあることだ。バイキング方式で、農家の主婦たちが郷土料理や工夫を重ねた料理など約二五品が並べられる。赤米や黒米のご飯、焼きたての米粉パンもある。一人一五〇〇円だ。これが人気を呼び、いつも満員状態で、事前に申し込んでおくほどである。私も愛用し、家内とも行くし、他から来た人も案内する。ここで料理をつくり、切り盛りしている農家の主婦たちが生きいきしているのが、何とも嬉しく頼もしい。

生協、企業等の産消コーディネート型

農業に関心のある企業が、生産者と消費者を直結し、農家との契約栽培あるいは直営農場などで

生産し、スーパーや病院、ホテルなどに直送するような方式である。その代表が、千葉県を中心に始めたセブン&アイ・ホールディングスなどの形態である。ただこの場合は、地産地消の域を超え、やや広域となる。またここでは食品残渣を堆肥としてリサイクルする循環型運営も目指しているという。むろん各地の先進的な生協では、産消提携や地産地消を目指してきたものも数多くある。

「六次産業」の総合農場

山口県に行く機会があり、評判の船方総合農場を見せてもらった。

農業を志しておよそ三五年、坂本多旦という、数多くの農家の中でも、最も農業への情熱をたぎらせた一人の青年の、人生をかけた苦闘の到達点が、この農場である。船方農場は、成功した農業法人経営として、各誌で取り上げられ、また坂本自らも種々の形で経過を語り、広く農業界に知られるようになった。

坂本の言葉と実績は、農業再生策の宝庫である。「こうではなかろうか」と私なども思ってきたことを、まさに地で行き、独自の農業哲学にまで凝縮している。坂本が到達した点は、主として三点だ。

その第一は、農業は複合的なものであるということだ。農場では、酪農、肥育牛、米、花卉、牧草を組み合わせている。持てる労働力を十分に生かし、一年間に農地の裏と表を生かし、地域の資源を活用し、さらに、これから生態系保全型農業、リサイクル農業へと進むには、畜産、米、野菜、花卉などの各部門を、経営の中で、地域の中で巧妙に結びつけなければいけない。

その第二は、農業を生産から、加工、流通、販売へと総合化するということだ。農場では、生産物をハム、ソーセージ、ヨーグルト、その他に加工し販売する。これを坂本は「六次産業化」という。一次＋二次＋三次の足し算産業化でなく、一次×二次×三次の掛け算産業化であるという。ここで重要なことは、日本の一次産業がゼロとなっても、足し算なら二＋三＝五となるが、掛け算なら、すべてはゼロに帰するという点だ。ここに私は大きな哲学を感じる。

農場はさらに草地の一部を開放し、若干の小動物もおいて観光や自然教育空間として提供し、とりわけ子供たちの人間教育を目指している。

第三に、都市と農村を融合するということだ。坂本は、農業にとって地域社会と地域の自然に根差すことが不可欠だと考えている。そしてさらに都市民を巻き込み、都市に貢献することである。都市と農村の間に、物と心の徹底した補完関係を作り出すことが必要だというのだ。大都市であればあるほど、都市側が自覚しているかどうか疑問だが、農的空間と農的思考が必要な時代が到来しているというのである。

船方総合農場は、日本農業に新しい夜明けをもたらしたといってよい。

他方小農圏の特性を生かし、また各地域の中小都市と農村の結合を図り、なお生産意欲を持つ農村女性や高齢者の、少量多品目生産活動を生かすことも大切だ。いわば規模拡大に向かう熱心な農家と、兼業化しつつもなお意欲を残す農家が結び合い、直売店をはじめ地産地消の網の目状拡大という巧妙な地域作戦こそ日本農業の進むべき道であろう。ＪＡ等の新たな使命が改めて確認されるべきである。

このようにして、今後食と農のつながりをしだいに強化し、地産地消から始め、諸問題を解決する新たな方向が模索されなければならない。むろん現代の消費構造からいえば、直売店のみで日本の食生活が守れるはずはない。大量消費に対応する市場流通システムと、地産地消を軸とするシステムの相互補完が大切といえよう。

第3章　農家像の変容と論理

——誰が農業を担うのか

日本農業の担い手の展開について、ここでは特に第二次大戦（一九三九～一九四五）後の過程の内容と意味を明らかにし、現在日本農業の主体をどう考えるか。政策立案の基礎を提示したい。

1　戦後の農地改革の意義——所有は砂を変えて黄金となす

戦後の農業・農村のありようを決定づけたのは、徹底した農地改革であった。占領軍GHQによるいわゆる戦後改革は、当時のニューディール思想をモデル的に反映したものとなり、財閥解体、農地改革、労働改革等の三大改革が行われ、日本の制度的民主化が遂行された。農地改革では、いわゆる地主—小作制が廃止され、「耕者有其田」という自作農創設の思想に基づき、実際の耕作に当たる小作人の所有とすべく、一九四七年から二年という短期間のうちに事実上強制譲渡された。都市に居住し村にいない地主の農地はすべて、在村地主の場合も一ヘクタールを所有の上限として解放された。さらにその後の農地移動規制の強化、農地委員会の民主化などを伴った全面改革となった（文献12）。

こうして改革前の耕地面積五一五万ヘクタールのうち二三七万ヘクタールあった小作地は五一万ヘクタールと、全農地の約一割に減少した。長年農地問題の解決を模索していた農林省と、ラデジンスキーなどニューディール政策思想の徹底を意図したGHQの考え方が一致したのである。誠に大きな改革であった。これによって、「所有は砂を変えて黄金となす」の例え通り、自作農の生産意欲は大いに刺激され、しだいに戦後の食料不足は解消されていった。

2　前期高度成長下の農家の「不安定兼業化」

高成長を支えた稲作社会の律儀な労働力

食料不足もほぼ解消し、第二次大戦で戦前の三分の一にまで落ちた日本の国内総生産も、ようやく一九五四年に戦前水準に復し、その後は急角度の高度成長を遂げていく。その中で農業も農村も新たな状況に直面する。

そもそも日本農業は稲作農業といってもよいほど稲作中心であった。その歴史は二〇〇〇年を超える。むろん網野善彦のいうように、海民、山民と呼ぶべき人々の社会形成もあったが、稲作社会は圧倒的な分厚さを持っていたといえるであろう。稲作がそれほどに日本に定着するには理由がある。日本は高温多雨のアジア・モンスーン地域として、稲作にとって、絶好の気象条件を持っていたのである。そしてその後、改良に改良を重ね、その栽培北限を伸ばし、北海道のような寒冷地でも栽培可能な品種を作り上げるなど、多くの先進的農業者、農学者が稲作の進化と広がりに、貢献したのである。この日本稲作を支えた安価で良質の労働力こそ、高度成長を支える最重要の要因になっていく。

渡部忠世によれば、「パンの木」をもつマルク諸島の人たちは、米がおいしいことをよく知っているが、面倒がかかり過ぎるので、今も作ろうとしないという（文献13）。それほど稲作は、泥と汗にまみれ、ひたすら手順を追った律儀な作業を必要とした。稲作社会が蓄積したこうした誠実な労働力を、農村の親たちは小さなすねをますます小さくして、たくさんの子供たちを教育し、高校、大学を卒業させ、都市へと送り出した。それが、日本の戦後復興、それに続く奇跡の高成長を支えたのである。

不安定兼業農家の増大――農家の行動論理

工業部門の急成長の中で、農地改革後の農家の生活水準向上はつかの間のこととなり、しだいに都市勤労者世帯との所得格差が拡大していった。また農村の若年層は「地すべり的」と表現されるほど、ますます大量に離村し、「集団就職列車」で大都市へと向かった。従来は跡継ぎとして村に残った長男までも離村する勢いとなった。しかし離村したのは、正社員として就業可能な高卒中心の若者がほとんどで、農家自体の離村・脱農はきわめて少ない。また在村の者も、近傍の工場の臨時雇用として、また道路工事等の日雇い人夫として、低賃金ながら農外収入に依存していく状況が生まれた。

都市と農村の所得格差をどう埋めるかが、農業・農村の最大課題となってきた。一九六一年の農業基本法制定は、それを克服しようとする法的措置であった。基本法の構成は、①生産政策、②価格流通政策、③構造政策の三本柱からなっていた。生産政策は、米麦中心から畜産や果樹等を導入する選択的拡大と生産性特に労働生産性の向上を意図していた。また価格流通政策は、価格の補正と安定による農家所得の補償であった。特に米価政策が中心となった。さらに構造政策は、もともと低所得の原因であり、農地改革で果たせなかった零細な経営構造を是正するため、規模を拡大して自立経営や協業（共同）経営を創出するというものであった。

こうした政策は、〈高度経済成長→農業人口の農外への流出→農地流動化と農家戸数の減少→規模拡大による自立経営と協業の促進→農家所得の向上〉という一連の因果的・連鎖的展開の内に解決可能と想定されていた。これらの視点を関係者は「経済的合理主義」「合理的生産主義」などと呼んでいた。

しかし事態は簡単ではなかった。農家は農業収入だけでは家計を賄えず、農外収入の増大に向かう。それは、農業所得の低位性と不安定で低位の兼業収入を合わせて農家収入を賄うという「不安定兼業化」の形を取った。それだけに、政策が期待した農地移動も徐々にしか起こらなかった。そこには農家独自の行動論理がある。

三〇アール保留の論理

私が一九六〇年代初めに行った、都市近郊の農家動態調査（文献14）では、農家は図21のように①三〇アール保留の論理、②漸次安定移行の論理、という二つの行動様式に基づいて動いているとの結果を得た。すなわち都市近郊の多くの農家は地価高騰が起こり、近傍での兼業機会、子弟の正規社員としての就業機会が多くなったことから、農業離脱の方向へと大きく舵を切る。しかし子弟が安定的農外就業をするには、教育費、住宅確保等のいわば〝移転費用〟とでもいうべきものが必要で、少しずつ農地を売却しながら、およそ三〇年という世代交代速度にあわせ、脱農を図るのである。最終的に「先祖代々の土地である」、「いざという時のための資産保有となる」などの理由から、三〇アールの線に来て農地売却は急に止まることも分かった。

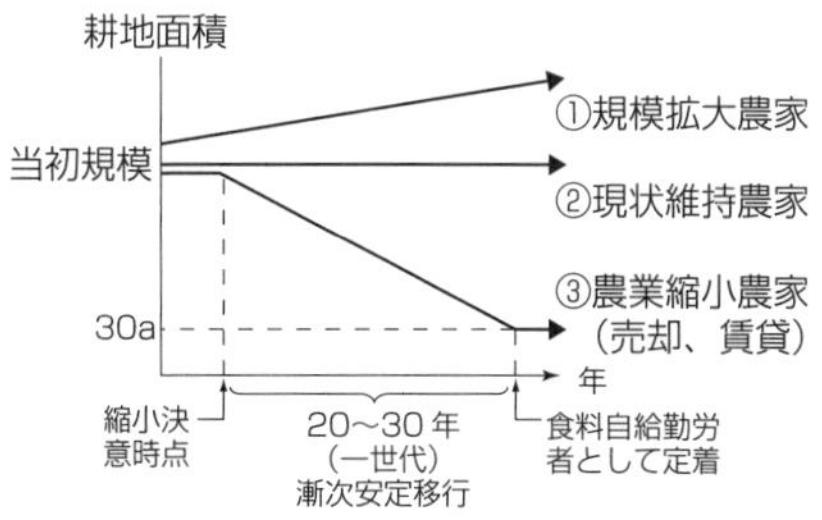

図21　高度成長前期の農家の行動様式

それは農家の歴史的経験に基づいている。現在の生産技術レベルからいえば、四～五人家族で一五アールあれば、最低限糊口をすすぎ生存だけは可能である。三〇アールあれば二家族の生命線となる。当時はまだ、昭和初年の恐慌や戦後の混乱で、都市に出ていた弟妹が実家に助けを求め、それを受け入れた経験を持つ人が多く、その記憶に根ざす論理と理解される。今は薄れつつある農村の良さ、相互扶助の精神が読み取れる。

高度成長の影響を直接受け、変化の激しい都市近郊の農家でさえ、こうした世代交代というゆっくりとしたタームの論理で動く。まして純農村、山村では兼業先も少なく、子弟教育費は負担しなければならず、農地の流動は、先の基本法農政が描いた規模拡大＝生産性向上の期待とは大きく乖離していたのである。小農圏農業つまり自給的農業が、経済近代化過程で小商品生産農業へと転化した国々にとっては、宿命的ともいえる流れであるといえよう。

3　経済の国際化と日本農業の苦吟——アメリカ農業と日本工業のはざま

近年、農業全体をとりまく国際的環境は、一層厳しさを増してきた。高度成長を続けた日本は、その主たる貿易相手国であるアメリカを圧倒するほどの実力に達した。一九八〇年代に入り、自動車、電気製品、機械等々、品質や価格の上で優れた日本の製品は、「集中豪雨的」と呼ばれるほどアメリカをはじめ世界に輸出され、「世界の工場」と呼ばれ、外国人の〝Japan as No.1〟などという本まで登場した。東南アジアに進出した日本企業の行動は、「エコノミック・アニマルだ」などと言われ、「日本企業の後には、骨さえ残らない」と批判を浴びた。

特にアメリカは、一九八〇年代巨額の財政赤字と貿易赤字に悩み始めるが、貿易赤字の半分近くが対日赤字という状態が続いた。そこでＷＴＯ（世界貿易機構）では、市場原理の徹底、貿易自由化の徹底、規制緩和の推進などが議題となってきた。とりわけ農業分野では、関税の軽減あるいは廃止、輸出補助金の廃止、農家への生産刺激的な補助金の廃止、環境問題に配慮するための非貿易的関心事項、輸入を制限する場合に最小限輸入数量義務を定める（ミニマム・アクセス）等々について議論が交わされてきた。これらについては、アメリカ・カナダ・オーストラリア等の大農圏・ヨーロッパ地域の中農圏・日本などアジア地域等の小農圏それぞれが、異なった立場から主張し、しばしば議論は空転しているが、とりわけアメリカ等の大農圏は、強く日本の農産物市場開放を迫っている（文献15）。

表2（一六頁）に示したように、大農圏であり、日本などより圧倒的に経営規模が大きく、生産費の低い農業大国であるアメリカは、工業で日本に圧倒された分、農業と兵器の輸入を迫る形となり、日本農業は、躍進する日本工業と生産性の高いアメリカ大農経営のはざまに苦吟することと

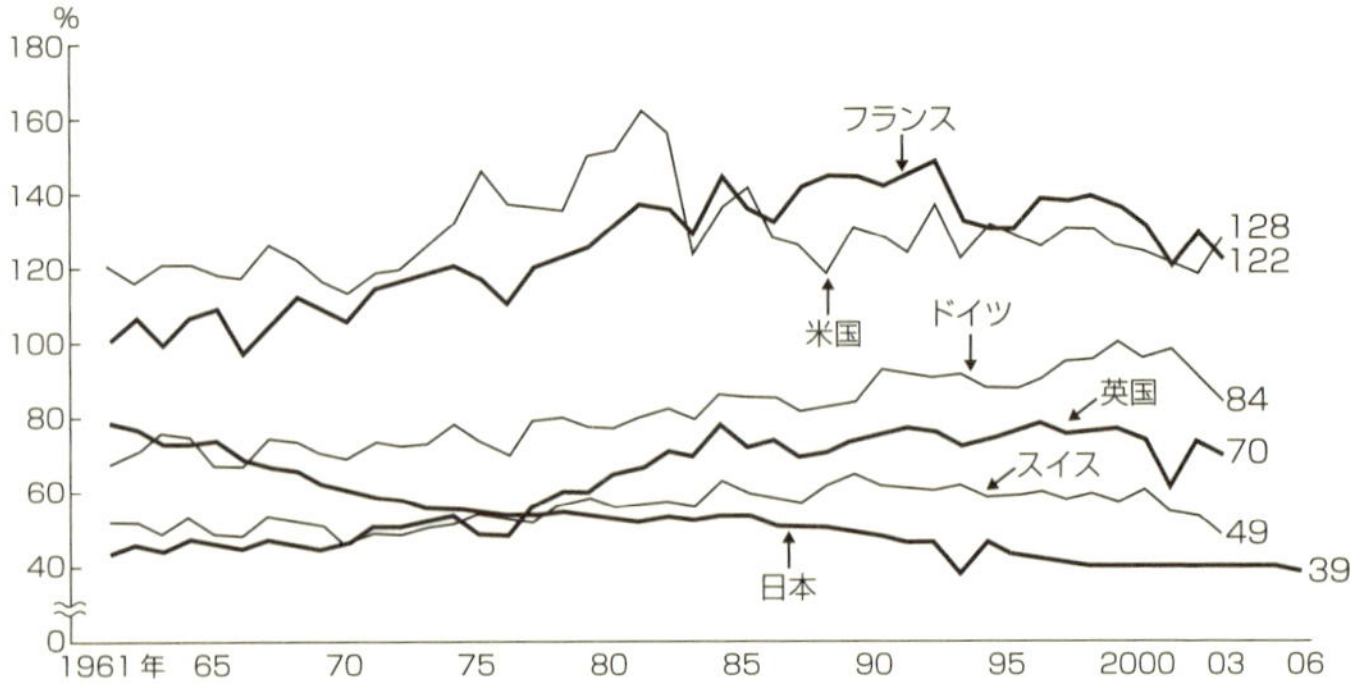

図22　先進諸国の食料自給率

出典：農林水産省「食料・農業・農村の動向」2008年、89頁
資料：農林水産省「食料需給表」、FAO「Food Balance Sheets」を基に農林水産省で作成

なった。その結果図22のように、じわじわと食料自給率は下がり、世界最低水準になっている。WTOの議論の基本は、現在も大きくは変わっておらず、むしろますます自由貿易の原理が強調されている。

減反政策の衝撃

海外からの農産物輸入が増大し、学校給食を通してパンと牛乳食の普及が加速する中で、日本の米麦は後退する。農村に、空前絶後の衝撃を与えたのは、ほかならぬ減反政策であった。農地改革を経て、農家は我を忘れて米の増収に取り組んだ。それまで農家の大半を占めた小作層、自小作層は、農地解放により我が田となった農地で、命を懸けたのである。農地解放の根本思想「耕者其の田を有す」が華開いたのである。「所有は砂を化して黄金となす」は、まさしく戦後日本の農業のためにあるような言葉である。日本人は有史以来初めて、どんなに貧しい人も、念願の「銀めしを腹いっぱい食べる」地点に達したのである。

ところがその努力の果てに生まれたのは、米余りであった。稲作の増収技術はほとんど極点に達し、連年安定した豊作を続けた。しかし過剰米が倉庫に堆積し、数億円をかけて太平洋の沖合いに投棄しなければならないほどになった。そしてついに登場したのが、一九七〇年（昭和四五年）の減反政策であった。当時農家は「農業もつまらないものになった」ともらし、ある指導者は、「台風の一つも余計に来れば良い」とつぶやいたほどだ。作付けをしないことに補助金を出すという減反政策は、一面において、農家に「昼寝をしておってくれ、お金をあげるから」とでもいうべき意味合いのものであった。この政策の結果、農家の労働観は大きく変貌したといえる。

この政策の意味するのは、先に述べた稲作二千年の歴史の中で築かれた、ごまかしのない、労苦をいとわぬ律儀な勤労観を根底から揺るがすものであった。極論すれば、せっかく耕者が其の田を有し、砂を黄金と化した時、その苦労も、背後にある勤労観も、むしろマイナスの価値をもたらすものと認識されたのである。世の中も変われば変わるものである。私たちは改めて、政策の背後に据えられる思想の重さを思わなければならない。

4 後期高度成長と「安定兼業農家」の増大

安定兼業化と農地維持的農業化

高度成長が続く過程で、やがて表7のように家族員の中に比較的安定した恒常的農外勤務者を持つ兼業農家がしだいに多くなり、一九九〇年には全国平均で七五％に達し、東海道メガロポリス地域はもとより、瀬戸内沿岸部、北陸地域では安定兼業農家は八〇％前後となった。およそ三〇年を一世代とすれば、農家の長男までも流出する一九六〇年（昭和三五年）以降の、本格的な高度成長開始後三〇年たった一九九〇年（平成二年）には、農外に安定就業の道を得た世帯主のいる多くの農家が安定兼業となり、農業・農外合わせた所得も安定してきたと考えてよい。

一九六〇年に農家世帯一人あたりの年平均所得は七・八万円、勤労者世帯のそれは一一・二万円であった。しかし一九七二年には農家世帯四六万円となり、勤労者世帯の四三万円を超えて逆転する。むろん就業者一人当たりの所得は農家八一・二万円、勤労者世帯一〇八・六万円だが、農家の場合世帯主の妻や父母等の低い農業収入と合算した平均値となるのである。その後も農家世帯の

表7　地域別にみた兼業農家に占める安定兼業農家の割合の推移

単位：%

	1960年	1965年	1970年	1975年	1980年	1985年	1990年
全　国	46.0	47.2	48.9	55.4	63.0	71.2	75.4
北海道	32.5	30.6	33.1	31.8	36.5	43.0	44.4
東　北	34.8	32.8	36.2	44.9	53.5	63.8	70.5
北　陸	45.6	44.7	48.5	58.3	66.2	76.0	80.7
関東・東山	52.9	55.1	54.3	58.7	66.2	73.9	77.3
東　海	50.9	52.9	54.7	61.6	68.8	75.9	79.2
近　畿	52.9	56.3	56.9	61.8	67.7	73.7	77.1
中　国	48.4	52.7	56.1	64.6	71.4	78.9	82.0
四　国	40.1	42.7	45.4	53.2	60.8	68.8	73.6
九　州	42.0	41.2	42.1	48.5	56.8	65.6	70.7
沖　縄	—	—	59.2	54.8	61.4	68.1	71.0

出典：農水省、農基法検討用資料、1998年。
注）安定兼業農家とは、家として兼業収入の方が多く、兼業の種類が恒常的勤務のものをいう。

方が優位を保って推移している。一九六〇～九〇年の間の農家所得に占める農業所得の比率は、五〇・二％からわずかに一三・八％へと低下し、主たる農外所得を補う追加的所得といってもよい状態となった（文献16）。こうした農家は、農地整備が進み、機械化、化学化（化学肥料・農薬の利用）が大幅に進んで作業が簡略化したため、いわゆる高齢者・婦人中心の「三ちゃん（爺ちゃん、婆ちゃん、母ちゃん）農業」や勤め人である世帯主の「日曜百姓」と化していき、それなりに一定の安定を保っていたのである。

同時に農地を他の農家に預け、脱農していく農家も徐々に多くなり、農家総戸数も減少し、一九六〇年の六〇六万戸から、三〇年後の一九九〇年には三八三万戸となった。しかし耕地面積もこの間に工業地・住宅地への転用や耕作放棄で、六〇七万ヘクタールから五二四万ヘクタールへと減少し、経営規模もせいぜい一農家平均で一ヘクタールから一・四ヘクタールとなったに過ぎず、生産性向上には程遠い。こうした中、規模拡大を志向する若干の熱心な農家が出てきたものの、農業はするが「日曜百姓」として生産性向上への意欲は薄く、単に農地保有を続けるための「農地維持的農業」を営む農家が多くを占めるようになった。またそれには機械化され手間のかからなくなった稲作が最適で、畜産・果樹・野菜などの生産とは無縁の農家が増加した。

また近傍に恒常的勤務先のないいわゆる中山間地域では、安定兼業農家への道もなく、谷筋川筋に展開する傾斜農地が多いため自立した農業への道も険しく、そこでは集落営農による組織的な「農地維持的農業」へと転化していかざるを得なかった。むろんそれでも地域の自然条件を生かし、独自の先進的な農業へと革新していく地域もある。しかし多くの村は、しだいに担い手不足へと追い込まれ、今後の方向に苦吟している。

いずれにしても、意欲に乏しい農地維持的農業が多くを占めるようになり、高度成長前期のような農業発展に結びつく要因はしだいに薄れていったのである。不安定兼業農家増加時代は、それもやむをえないこととしても、安定兼業農家増大期に入れば、また新たな考え方が必要になるといえよう。この問題は、世代が変わり、農業の手伝いもしたことはなく、また当初からサラリーマンとして就業し定年を迎えた年齢層には、定年後農業を続ける意欲も薄く、安定兼業の継続さえおぼつかない状況へと向かっている。

一五アール保留への変化と意味

こうした中、先に述べた三〇アール保留の論理も変化しつつある。最近は農業縮小の際、最小限残したいと思うのは一五アールへと変化している。つまり一家族分の生命線である。先述したかつての農家の三〇アール保留の論理、そしてその背後にある用心深さや優しさは、この四〇年間高成長下の豊かさの中で、村も家族も変化し、薄れていったといってよい。あるいは、農家に経済的・精神的ゆとりがなくなったともいえる。

今二〇代、三〇代の若者たちは、一夫婦子供二人前後の時代の生まれである。少子化で、農家の後継者が弟妹を気遣う必要が薄れたといえよう。他方農家自身も、お嫁さんには農業をさせないなどの条件で、やっと結婚にこぎつけるケースも増えているし、二世代家族同居を避ける傾向もある。まして失業した兄弟姉妹が帰ってきたりすれば、離婚騒動になりかねない。こうして農家と農村はかなり大きく変質してきているといってよいであろう。むろん本人のプライドもあろう。しかしやはり村や実家の状況を考え、行き詰まっても「村には帰れない」と、弟妹は考えているのである。昨今就職戦線からはみ出した若者の非正規雇用が増え、不況で解雇になるケースが増えているが、もはや彼らに帰るべき故郷はない。

農家も村も変わり、思えばどこかさみしさを感じる。しかし都市に比べ、まだ地縁社会としてのよさは残されている。こののち、これまでの村のありようを「人間の場所」として、改めて大切に考えていく必要もあるのではないか。

5　日本農業経営の再構築

日本農業の多様性

全体として苦吟の道を歩み続ける日本農業ではあるが、果たして再構築の道はあるのか。というより、何とかその道を捜し求めねばならない。それはどのような方向で、どのような条件を伴うのであろうか。まず日本の農ないしは農業の多様なありようを類型化して考察したい。それは指標を変えると少しずつ異なった様相を示すが、今ここで私なりに大きく分ければ①意欲的専業農家、②意欲的兼業農家、③一般兼業農家、④自給的農家、⑤市民農園の五つに分けることができる。

農業の場合、概して企業的で大規模な組織は少なく、家族経営がほとんどで、個人でなく世帯として考える必要がある。家族はむろん所得が大きいことを求めるが、家族の健康を害してまで働くことはしない。健康と一定の生活レベルを保ちうる所得があればよく、最終的に家族の幸福の最大を追求する。この点でどこまでも最大収益、最大利潤を求める企業と大きな違いがある。ここに農業の強みも欠点も生じてくる（文献17）。

①の意欲的専業農家群は数％に過ぎないが、農業経営に強い意欲を持ち、規模を拡大し、工夫を凝らし、新たな本格的農業の推進に努力する。もっとも農業は作目により繁閑があり栽培期間が限られるので、作目の組み合わせや、時には臨時の農外就業をしながら、年間の労働力燃焼を図る必要がある。「専業的」としたのはそのためである。こうした農家は少ないが、全国的に探せば探すほど、なるほどと思わせるすばらしいアイデア経営を展開しており、むしろ農業の明るい未来を感じさせる。

②の意欲的兼業農家群は、まだ農業に熱意を持ち、中心となる主体がおり、所得の半分以上を農業から得ているが、家族員の中に農外就業者がいて、それを含めて一定の生活レベルを達成しようとする農家である。

③の一般兼業農家群は、圧倒的に兼業所得が多く、内容的には多様で幅の広い農家群を総称する。しかし兼業所得の方に力点があり、たとえ一ヘクタール前後の農地があり販売農産物があっても、生産性の向上などには関心が薄く、単に農地の維持を主目的とするという点では同じ農家群である。こうした農家は総所得のうち農業所得はわずか数％から一〇％前後に過ぎない。農業所得の

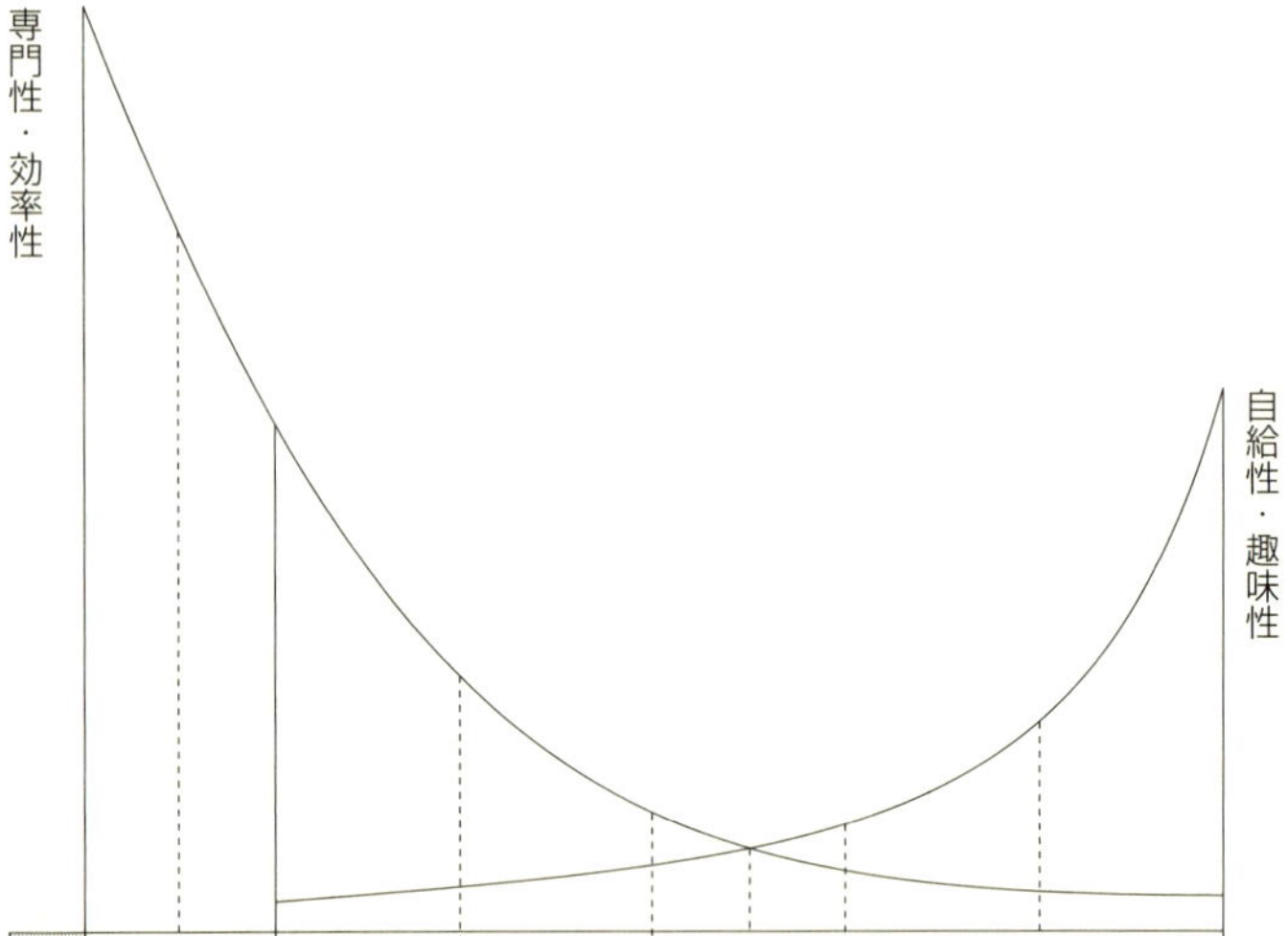

農業類型	大農圏	中農圏	意欲的専業農家	意欲的兼業農家	一般兼業農家	自給的農家	市民農園
意欲・規模等	200ヘクタール以上	15~70ヘクタール	農業に極めて熱心 ほとんど農業所得により生活	農業に意欲をもち、所得の半分以上は農業所得	農業への意欲低い 農外所得に重心を置く多様な農家群	農産物の販売はほとんどなく、自給程度	趣味としての野菜づくり、花づくり
農政の方向	専業農家支援 輸出支援	専業と兼業の結合 規模拡大支援	農政上重視し、生産性向上、経営革新に支援必要	意欲、農業への所得依存度等を勘案し、適切な対応策必要	農政上の中心となる対象ではない。中山間地域農家に対しては社会政策的視点必要	意欲的農家への土地貸与等地域農業への協力要請必要	最大可能な土地貸与のシステムが必要
国等	米・豪等	欧州	日本（小農圏）				

図 23　農業の諸類型

額に関心がないわけではないが、生活レベルを左右するほどの影響はなく、農業に意欲的とは到底いえない。

ただ高齢者、主婦が熱心に少量多品目生産によって野菜等を直売所に出している場合もあることは注意しておかねばならない。しかしそれはいっそうの高齢化とともに、また技術の継承、経営への意欲も萎え、家の後継者である農外就業していた長男等も定年後はそれほど意欲もなく、できることなら他の農家に農地あるいは経営を委託したいと考えるものが多くなってきている。

④の自給的農家群は一〇〜三〇アール程度の、販売農産物のない農家である。こうした農家の中には、農業を別の形で高く評価し、生活の一部として、所得の高低などよりも別の深い意味を見出して農業を行い、あるいは参入してくる人々の場合である。音楽家でありながら農業を行い、俳優や歌手、作家、会社員でありながら農業を行うといった人たちである。塩見直紀のいう「半農半x」論（文献18）、坂本慶一の「一人同時多職、一人一生多職」論（文献19）、などはこれに位置づけられよう。

⑤の市民農園は、いうまでもなく三〜五坪あるいは三〇坪といった規模の菜園を都市民が楽しむ場合、すでに脱農した農家が楽しみに野菜のいくばくかを自給する場合などである。それは第8章に述べるように、私たちの生活がどこまでも自然から離れていく現代にあって、また子供たちの食農教育が必要とされる中で、きわめて大きな意味を持っている。

意欲ある農業者への重点的支援

前記の五つの類型のうち、別な分け方をすると、①と②は農業経営に意欲があり、積極的な農業政策の対象となる農家群である。③の多くは、単なる農地維持的な農家群として、補助金等の農業政策の対象としては最小限に留めてよいであろう。農家には不満が残ろうが、これだけ国際化の影響があり、財政も厳しさを増す中、村と農業の将来、農業の国民的役割、土地の公共性等に思いをはせれば、我慢できる範囲内にあると考えられる。補助金のばら撒き批判の多くは、この点の判断をめぐってなされていると考えてよい。

こうして農業には、商品生産中心の「産業としての農業」から自給的な「生業としての農業」、そして「趣味としての菜園」まで、幅広い世界がある。最近いわれる「農」という表現は、それらを総称するが、少なくとも政策的には区別して対応する必要がある。

日本農業は多くの優れた経営を内部に持ちながらも、全体としては大きな困難を抱え苦吟している。むろん、兼業農業を否定するものではないが、その多くが農地維持的農業へと進み、しかもそれを維持する担い手の確保さえも危ぶまれるようになった現在、農業者としての生活を成り立たせる農業経営、意欲ある農業者の経営支援に重点を移すことが必要となっている。しかし同時にどんなに背伸びしても、その規模において百倍千倍といった経営を持つ新大陸型大農圏の農業と自由競争ができる段階に達することはほとんど不可能に近いと私は考える。このこともいくら強調しても足りない。したがって、後に詳述するように、環境問題を考え、市場の失敗を反省し、最終的に世界農林業の適正配置へと導くアグリ・ミニマム（国や地域として守るべき農業の下限）の思想容認の上にのみ、日本農業の展開は可能である。

市民農園と都市民の楽しみ

市民農園はむしろ都市民向けであるが、日本の市民農園は数の上からも区画の広さからも、無いにも等しい。第8章に詳しくふれるが、ドイツ等の市民農園（クラインガルテン）は区画三〇〜一〇〇坪あり、三〜五坪程度の日本のそれとはまったくスケールが違う。また農地の提供者も、国鉄、教会、自治体、農業者などと多様である。地域によって異なるが、ハノーファー市などは、七世帯に一二世帯が市民農園を持てることを条件として都市計画がなされてきた。市街地や郊外に区画が点在し、車社会になるまでは、「歩いて一〇〜一五分程度の乳母車の距離」にあることが基本とされた（文献20）。

また日本では、農地はしばしば耕作放棄地だけが問題になるが、農地利用率低下のほうがむしろ大きく問題にされるべきである。山間の棚田を苦労して使うのは労力上、採算上、また鳥獣害問題などにより、農家を苦しめるだけであろう。それは農政というより福祉的政策理念によって補われるべきもので、効率の上では平地の利用率、積雪のない西日本の利用率こそ問題なのである。かつては、村によっては二〇〇%近く、平均でも一三〇%台半ばまで利用された。現在は九〇%強に留まっている。冬場は見渡す限り地面がむき出しで、夏場でも草の生い茂る農地が点在する。

このように考えると、冬場だけでも市民の冬野菜作りに提供してはどうであろう。市民は家族で楽しむであろう。仮に一〇～四月の間、三〇坪一万円としても、ただ貸すだけで一〇アール当たり一〇万円となり、稲作よりはるかに収入が多く、借り手の満足もある。すべては工夫次第、政策次第に見える。ドイツの理念の中に強く意識されている「土地の公共性」を考えたとき、日本の農地は戦後農地改革が理想とした「耕者有其田」の理念は形骸化し、単なる農地と化しつつあることもまた事実といえよう。

これまで述べてきた高度成長下の兼業農家の変容を踏まえ、また国際的な動向を考えれば、今後日本の農業はやはり専業的・効率的な農家ないしは主業的農家の育成に力点を置く必要がある。他方の極にある趣味性の高い市民農園ひいては大規模な市民農園の所有者ともいうべき自給的農家群は、効率性を無視しているわけではないが、利益追求という性格は薄く、政策にもそれほど期待していない。

またこれらの中間にある一般の兼業農家群はさまざまな内容を持つが、全体としては年々担い手が高齢化し、後継者も定年後に意欲的に農業を続ける可能性は低い。仮に続けるとしても、先祖伝来の農地を守るとの意識から、単に農地維持的農業を継続するものがほとんどである。そして高齢化とともに、農地を放置するか、預かってくれる農家を探している。

このように考えてくると、今後意欲的に農業を営み、経営規模を広げ、他の農家の農地を預かってもよいという農家を育成していく必要がある。

農業類型間の相互補完

一見両立しにくいと思われる「産業としての農業」の側面と、「生業としての農業」の側面は、人間が日々を納得し生きがいを持って生きていく際に、分かち難い物事の表と裏を構成しているように思う。特に隣家ははるかに遠く、「農村社会のない、どこまでも個人の経済的な営み」とも言える大農圏の農業に比べ、日本農業の場合は両側面を分けにくい。

したがって、国際的要請のもとで、十分に太刀打ち可能とはいえないが、「産業としての農業」に向けて経済効率の向上が急がれる。そして他方で、生業としての農業の側面が、実際の農村の場に、巧妙な仕組みとしてセットされていることが重要である。この微妙な組み合わせのシステム形成こそ日本農政の特徴であり、行政手腕の見せ所ではないかと思う。地産地消、少量多品目生産、朝市など、各地で盛んな動きは、以上の叙述と関係がある。

特に集落営農の場合も、生業としての側面を取り入れたい。例えば、福井県のハーネス河合という集落営農組織は、単に農地の集積と一元管理によって生産費を下げる取り組みであるだけでなく、高齢者や婦人で希望する者が、野菜作りにいそしめるような農地空間を用意している。日本農業の構造改革は、日本の限界と特徴を認識しつつ、「産業」と「生業」の巧妙な仕組みづくりにおいてはじめて成功するといえよう。

直接支払い制度の方向

日本の農業政策の中に、農家への直接支払い制度が導入されたのは二〇〇〇年のことである。私は食料・農業・農村基本法の制定に農村部会長として参画させてもらったが、その延長上で中山間地域対策のための委員会の座長も務めた。農地の傾斜度と面積とを基準に各地域の直接支払い内容を決めるという、日本で初めての制度を発足させることとなった。これは中産間地域農村から歓迎され、高い評価を受けた。

引き続き経営発展の基礎となるよう品目別の所得補償でなく、品目横断的で各経営単位のいわゆる単一農場支払いという所得補償制度の骨格も用意された。その段階では、支払い要件の内容までは決めなかったが、数年後具体化された際には内地四ヘクタール以上、集落営農二〇ヘクタール以上などの要件を満たすことが前提とされ、かつ移行期間のないやや性急な実施であったため、多くの農家の反発があり、要件を緩める等の措置が取られた。

やはり農業の変化は漸次的であり、着地点を示しつつ五〜七年程度をかけて制度移行する中で、理解が得られていくのではないか。またこの規模制限は、稲作を念頭に置いたものであり、ハウス栽培等他の作目かどうかや施設利用かどうかなど、他の要件も組み込む必要があったと思われる。

他方、二〇〇九年の自民党から民主党への政権交代という大きな出来事があり、ほとんどすべての農家に対する均等な直接支払いシステムとして再編成される方向となっている。図24のように、ＥＵの直接支払い制度は拡充され、共通農業政策（ＣＡＰ）の要としてＣＡＰ財政のおよそ三分の二を占めるに至っている。日本農政もこの方向に舵を切ったといえよう。

しかし単一農場支払い、日本流に言えば個別所得補償も、農地を所有するものすべてを対象とすれば、ばら撒きのそしりをまぬかれない。かつてある理容店の主人が、「私は二〇〜三〇アールほどの農地を持つが、理容の方で十分食

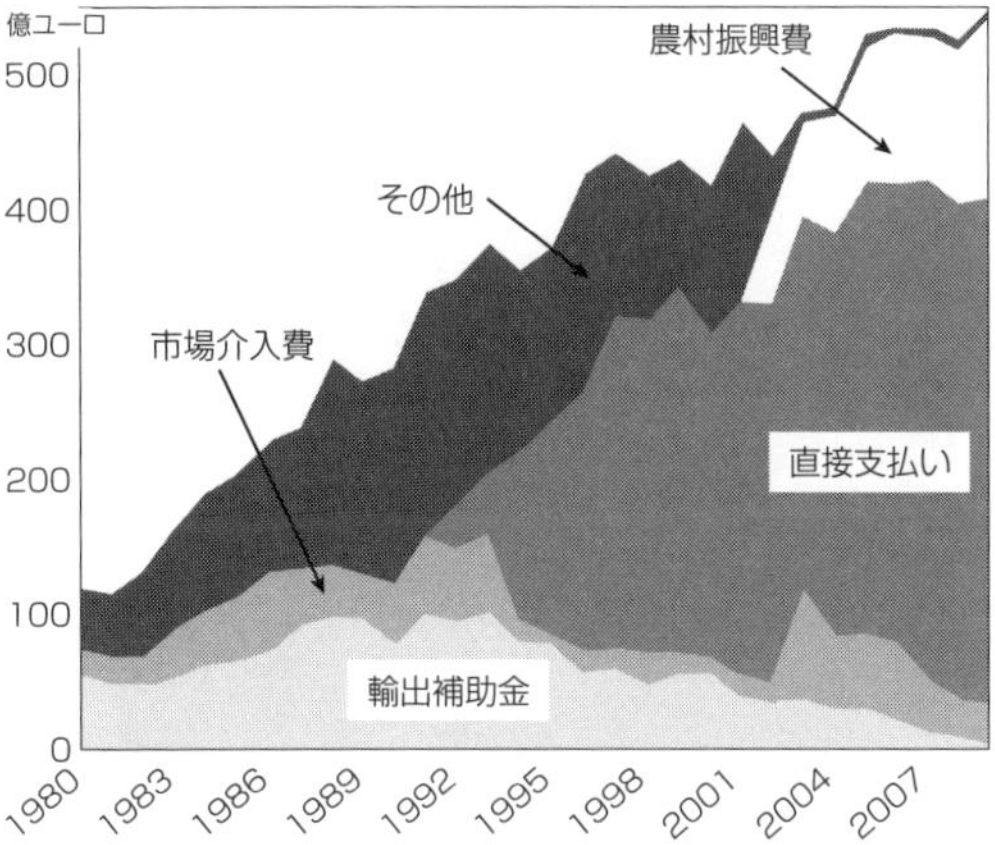

図24　CAP（ＥＵの共通農業政策）財政の内訳

出典：農林中金総研『変貌する世界の穀物市場』家の光協会、2009年、57頁。
資料）欧州委員会予算書

べていけるので、このような補償をもらうのは心苦しい」と語った。先にも繰り返し述べたように、現在は安定兼業農家が増え、かなりの農地を自分で耕作するが、農家総所得のうち数%の農業所得に止まり、しかも土・日にやりやすい稲作がほとんどで、いわば単なる耕作の継続、単なる農地所有の保全といってもよい経営となっている。こうした農家にとって、農業所得はないよりあった方がましだし、補償も受けないより受けた方がありがたい。しかし基本的に依存度も期待度も小さい。今後は意欲する農業者、若い農業者へと支援の比重が徐々にシフトしていく方向が望まれるのである。その周辺に、なお多数の農家が参加してくる組織をつくり、システムを構成することが必要である。今農業と村の将来を心配する村人たちは、こうした方向を度量をもって許容するに違いない。

第4章　日本農業経営の再生

――「生涯産業」としての農業

前章で述べた農業らしい農業、あるいは「産業としての農業」、ひいては熱心な若者農業者の育成とはどのようなものか、私なりの視点からやや具体的に論じてみたい。

個々の農家はそれぞれの事情を抱えているし、考え方も異なる。家族の米や若干の野菜を自給するだけの自給的農家から、農業所得の方が多い熱心な専業的農家に至るまで、多様化しさまざまである。そして農業に意欲ある若者の減少がいよいよ深刻となっている。そうした若者が現われるための農業を目指す政策について、多くの農家はわが身に多少不利が生じようと、基本的に反対しないであろう。その心情と度量を、村に生きてきた者は持ち合わせているのではないか。このような思いに駆られつつ、以下の農業者像、農業像を提示する。

1　農業の特性

工業との違いと保全

農業には工業とは異なるさまざまな特質がある（文献21）。

例えば生産の季節性、固定性である。すべての作物には、気候条件特に季節の変化や温度条件

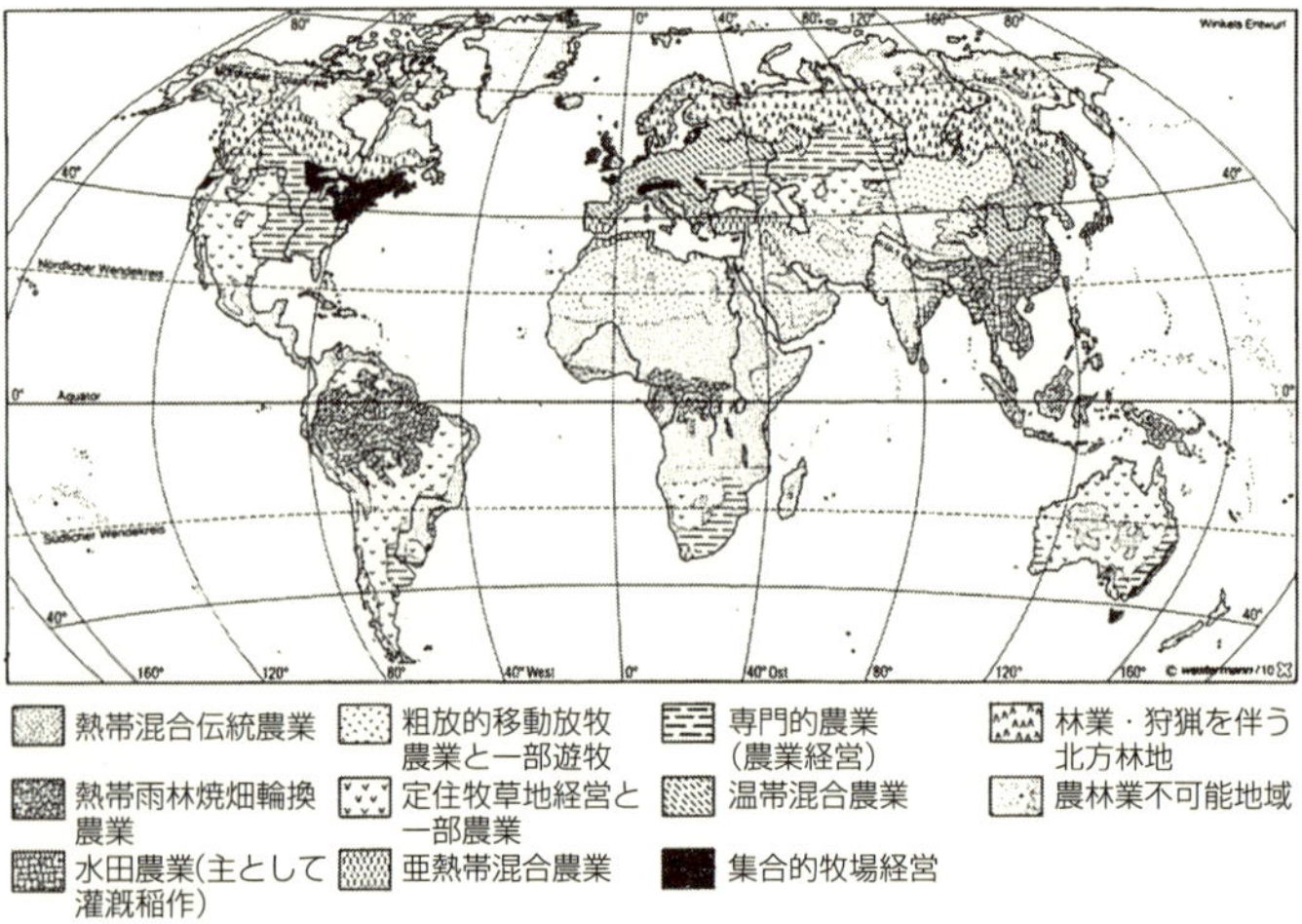

図 25　世界の農林業形態分布

出典：W.Sick, Agrargeographie, Westermann, 1993, S. 161.

の下で、育ったり育たなかったりするという栽培の北限―南限があり、地球上の適作地がある（図25）。その適地の中で、米などのように夏期を中心とする作物、小麦のように冬期を利用するもの、また野菜でも春野菜、夏野菜、冬野菜などがある。そして露地栽培の場合、ほとんどは年一回である。むろん米の場合も沖縄などでは二毛作、赤道直下では三毛作も可能だ。

しかも作物栽培には季節に合わせ、根気強く時間的に順を追って、播種―育苗―耕耘―移植―施肥―除草―収穫―選別―販売のプロセスを経る。この順序は逆転も短縮もできない。しかし工業の場合は、部品を製作するのに、季節も場所も関係がない。車などおよそ二万個の部品からなるといわれるが、それらは同時に各地で生産され、組立工場に集まる。組み立てだけは順序があり、次々と形が出来上がり、車となる。その車も、四輪車でいえば、多い時は国内で年間千二百万台が生産されていたので、季節を問わず昼夜を問わず休みなく二・六秒に一台の割で完成品が生まれていたことになる。これを「瞬間生産」と呼んでいる。

これらのことは、機械の稼働率や生産の効率性に直接的に反映する。農業の場合、機械を使う日数は限られ、効率が悪い。稲作で言えば、一台数百万円もする田植え機を年に二～三日、耕耘機は四～五日、収穫機は二～三日使うといった具合だ。各戸では効率が悪いと、協同で大型の機械にしたところで、作付け時期に大きなずれはなく、やや効率性は高まるが大きな差異はない。

さらに流通過程においては、現在では生ものの冷蔵等保存・運搬技術がかなり発達したものの、やはり傷みやすさ、腐りやすさ、虫のつきやすさなどには細心の注意が必要だ。穀物の輸出に殺虫剤を使う、防腐剤を使うなどはよくあることだ。仮にスーパーの店頭までの見栄えは変わらないとしても、収穫後の期間によって、家庭の冷蔵庫に入れてからの傷みぐあいは大きく異なるようだ。

農産物の特質は果実生産に極まる。図26を見られたい。桃栗三年柿八年などというが、育苗から植栽での期間もさることながら、いったん植栽後果実が着き始めても、本格的に収益が上がるまでには数年を要する。したがってそれまでの投資は、かなりの期間収益のない固定を余儀なくされる。また柑橘等の樹種を決め、販売可能となった時点で価格がどう展開しているかの予想はきわめ

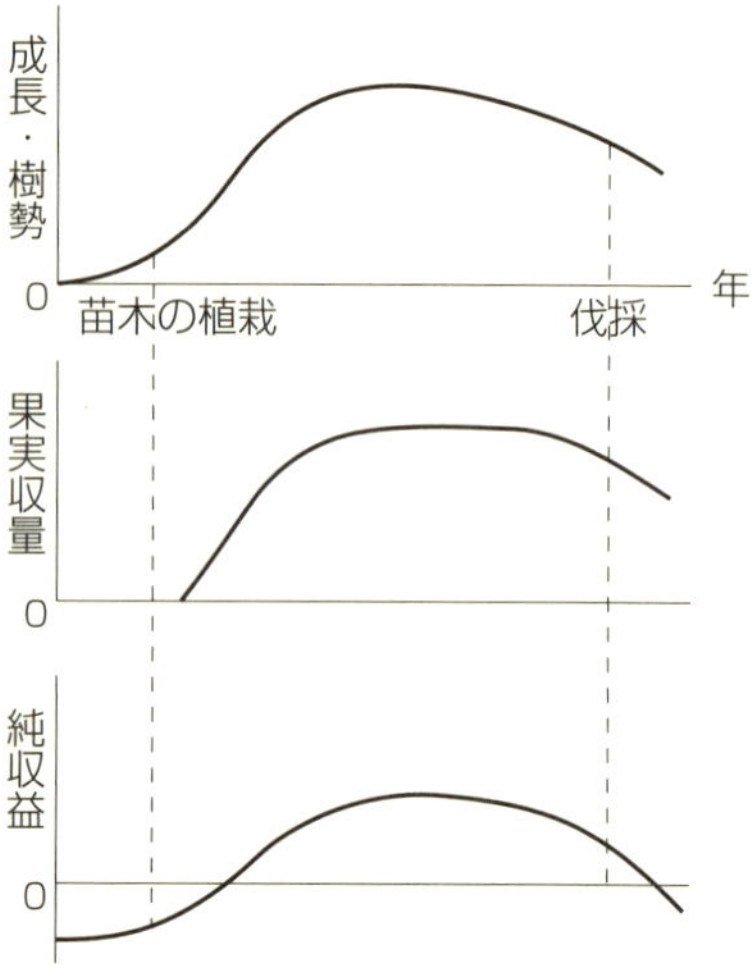

図 26　果樹の成長・収量・純収益

て難しい。もし人気がなくなり、価格が下がってしまえば、せっかく植えても無駄に終わり、作れば作るほど赤字となり、数十年間の利益見込みが吹っ飛んでしまう。また新たな樹種に切り替えざるを得ず、それこそ元も子もなくすのである。農業者は、こうした特性を十分踏まえ、むしろそれを生かしつつ取り組むしかない。

以上はごく一部の農業の特質に過ぎないが、工業とは大きく異なる産業であることは間違いなく、資本投下のリスク、長期固定性等を考えれば、資本は農業を避け他の産業へと流れる。このことは国を問わず地域を問わず、農業に共通した特性であって、世界の各国はこれを埋め合わせるため、例外なくリスクを補う手厚い農業保全政策を採用している。しばしば世間では、これを農業保護というが、それは農家の技術や経営能力を超えた、産業的特質から来るものが多いのである。したがって私は、こうした政策を農業保護政策と呼ぶべきではなく、「農業保全政策」というべきだと考える。

「生涯産業」としての農業

かつて京都府では、農業の特性を捉え、「生涯産業」と呼んで政策を組んだ。これはまことに適切な表現で、以来私は私なりの拡大解釈も含めて愛用させてもらっている。農業には定年がない、自分の年齢や体力、そして好みに合わせて作物や家畜を決め、世話をする。また経営主を譲っても、年齢相応の作業がいくらでもある。一般職種と同様に六〇歳を境に完全引退も可能だが、ぽっくり逝くその日まで働くことができる。そしてそれを続けることで、健康長寿が保て、年齢に応じた役割を持ち、家族との絆も深まるのである。

また中山間地域の農家の多くは、わずかでも山林を持っている。使用可能な木に育ってくる三〇〜五〇年先の木材の値段など誰にも予想できない。しかし祖父がそこに植林をしておくことは、子や孫の代の家屋の修繕・新築に役立つ。共有林なら村の公民館や学校が建てられる。また祖母は、この秋自分が食べるかどうかも分からない豆の種を畑に蒔く。それは子や孫のためである。こうした経済を超えた、人間的で豊かな生活の領域がそこにある。現在かなり広くサラリーマンの願望となっている「定年帰農」あるいは「定年就農」は、こうした農業・農村の持つ特性や魅力に着目している人たちであろう。

昭和初期に篤農（熱心で優れた農業者）として活躍した松本喜作は、「農者の強み」として二つを挙げている。一つは、「（作物は）一度仕付けてさえおけば、たとえ不幸にして家内に病人や厄災があっても、昼夜の別なく自分で生育する。また老人でも子供でも場合によっては満足に一人前に使えることが度々ある」という。これに対して「俸給生活者は、当人が不幸病死とか職を離れる時は、もしその人に財産がないのであれば悲惨である」とする。二つは、「俸給に衣食する人は、その上司の支配を受け、処世上心にも無い巧言令色もしなければならぬ場合があり、精神上自由の拘束を受ける。また職責上時間の規定も守らねばならぬ。偶々珍客があっても失敬を余儀なくしなければならぬ。農者の立場は実に平気のものである」などと述べている。

農業がしだいに商業性を高め、大規模になって雇用人でも置けば、松本の考えも限度があるが、基本は変わらない。ただ自由である分、自ら工夫がなければ俸給生活者並みの所得、安定した所得は望むべくもない。高度成長期のサラリーマン生活は、自由が制限される代わりに、まずは人並みの生活が可能な一定の安定した所得が得られるという、大多数の望む環境があったのである。今農業に人気が出ているとされるのは、経済の国際化と市場原理・競争原理の強化で、終身雇用はしだいに崩れ、非正規雇用者はもちろん、正規雇用者でも景気次第でいつ解雇されるか分からない、家族もろともいつ路頭に迷わねばならないかもしれない、という時代状況を反映している。その意味では高度成長下で「人並み、安定的」と思われてきたサラリーマンの特質は、失われつつあるといえよう。

京都府は当初、主として生涯働ける産業という意味で、「生涯産業」という言葉を使ったと思われるが、私はこれに「生涯所得でサラリーマンと勝負する産業」という意味を付加し強調して、以下を叙述したい。

2　新たな視点からの農業経営の確立

生涯所得から見た農業

さて農業者の所得は工夫次第といえる。その意味は、現在一般に大卒なら月給二〇万円程度から始まるが、農業であれば年齢に関係なく、工夫次第で月平均五〇万円でも一〇〇万円でも可能ということである。しかし年齢を重ねても、子供が生まれても、一般勤労者のように自動的に所得が上がるわけではない。こうして、生涯所得という視点から見ていった時に、「生涯産業」としての農業の特徴的な姿が浮かび上がってくるのである。図27は以下に述べることを図形化したものである。

現在一般的なサラリーマンの年俸は、大卒、高卒等すべてを平均し、六〇歳定年まで四〇年間

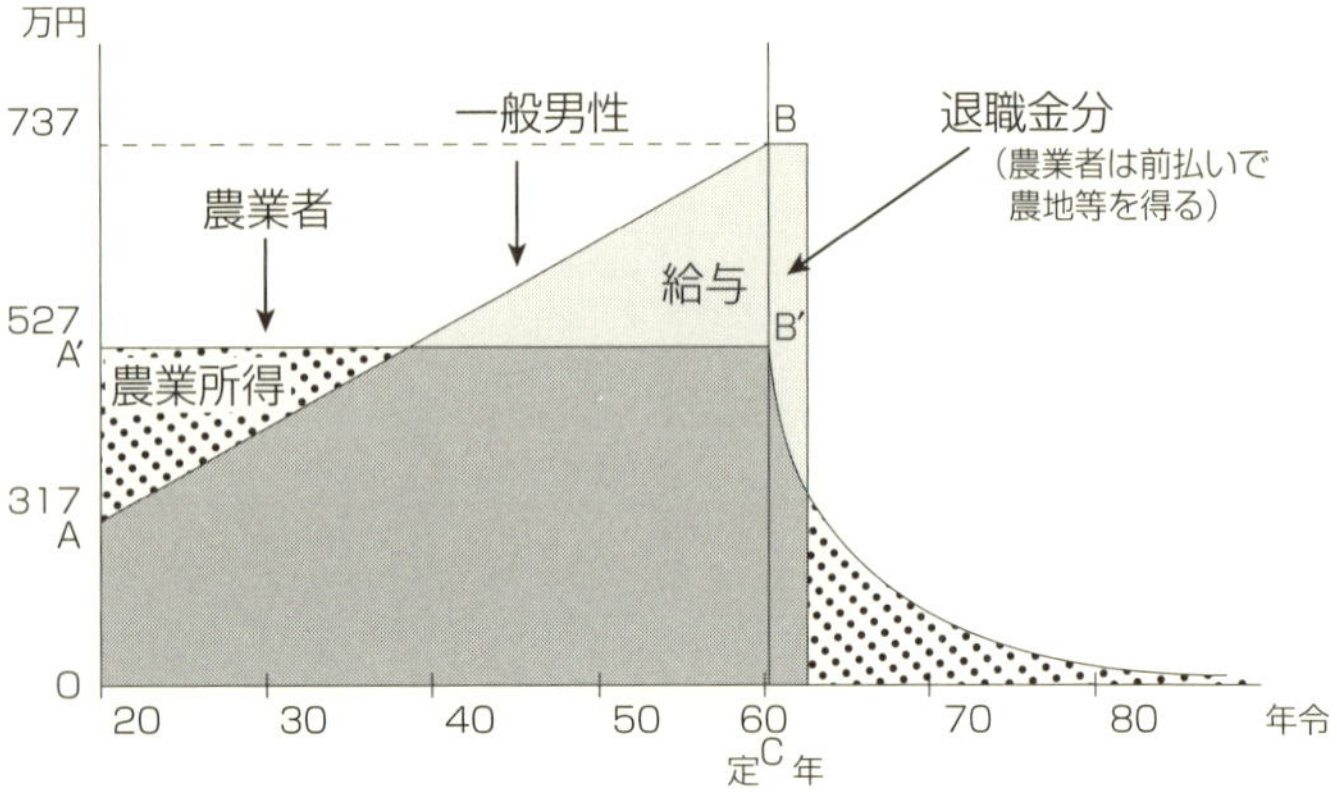

図 27　勤労者所得と農業者所得の違い

働くとすると、約二億一〇〇〇万円である（資料：「サラリーマンの生涯賃金」）。年平均にして五二七万円である。就職時を二〇歳とし、高卒、大卒合わせた平均年俸は三一七万円（一九万八一九二円×一六か月分）（「二〇〇八年度モデル賃金調査」）、六〇歳では七三七万円である。

二〇歳で農業に就業した時はどうか。農業の場合、年齢と賃金は関係がない。極端にいえば本人の才覚次第、努力次第で、二〇歳で一〇〇〇万円の所得を得ることも夢ではない。そして規模等の条件が同じなら、生涯一〇〇〇万円の所得をあげることができる。もしそうなら、六〇歳までの四〇年間に、サラリーマンのほぼ二倍の四億円の所得を得ることになる。

もし農業者が四〇年間に、少なくともサラリーマンの平均的生涯賃金二億一〇〇〇万円に相当する所得を得ようとすれば、年平均で五二七万円を得ればよい。もしそうなら、企業に就業した友人に引け目を感じることはない。もしかすると二〇歳前の農家の青年たちは、上記の農業の特性を考えることなく、農業に賭ける五〇〇万円余の父親の所得と、八〇〇万円近いサラリーマンの年俸を比較して見ているのかもしれない。農業も見方を変えれば、経済性からも社会性からも、思いもよらぬゆとりや豊かさがあり、若者も魅力を感じることになる。

あるいは若者は、よく言われるように、農業の仕事は３Ｋだと思っているかもしれない。３Ｋとは「きつい、汚い、危険」を意味する。あるいはまた、課長になり、部長になり、場合によっては社長になって、人の上に立ち羽振りのいい人生を送れるのでは、と思っているかもしれない。もしそうなら企業に行くほかはない。農業でも、会社組織にして大々的にやっている人はいくらでもいるから、それも工夫次第というほかはない。いずれにしても、本人の考え方の中に、農業の上記の特性が十分認識されているかどうかが問題だ。

退職金の先貰い

ただ、所得の上でサラリーマンに引けを取らないといっても、いくつかの前提がある。そのいくつかを考えてみよう。

サラリーマンには退職金があり、農業者にはない、と思っている人がほとんどであろう。退職金は、先の生涯賃金に合わせて計算すると、平均で約一八〇〇万円（退職時給与×勤務年数四〇年）である。確かに六〇歳になって農業をやめても、誰も退職金をくれるわけではない。しかし考えてみると、農業者は、父親の跡を継ぐ入り口で、農地、納屋や温室等の農業施設、機械・器具、住居に至るまで、すべてを譲り受けるのである。

平均的な販売農家の農地規模を一・八ヘクタールとすると、全国平均の農地価格（二〇〇八年）は、中田一〇アール（三〇〇坪）で一五五万円、中畑（同）で一〇七万円であるから、全部畑にしても約二〇〇〇万円、全部田とすると約二八〇〇万円の資産を、あらかじめ受け取ることになる。これに施設や機械、家屋を入れると、五〇〇〇万円を超えるかもしれない。都市に出たサラリーマンは、徐々に上がる給与を楽しみにし、こつこつ貯めながら、「高・狭・遠」のアパートから脱出し、やっと小さな家か狭いマンションが買えるかどうかというところである。何のことはない。農業を相続する場合は、退職金がない代わり、二〇歳の就業時に巨額の退職金前払いを受けているようなものである。さらには技術の指導者も目の前にいることになる。年金はサラリーマンより低いとされるが、それをカバーして余りあるかもしれない。

農業には定年がない

しかも農業には、先にも書いたように、年齢に合った仕事、性別に合った仕事があり、定年も性差もないと言える。現在は農業も機械化され、器具も発達し、六五～七〇歳くらいでも、健康でさえあれば、長年やってきた営農を若い時と変わりなく続けることができる。重量野菜であるスイカやカボチャなどは、重さで高齢者にはきついとされるが、他の大抵の仕事は勘と経験で何とかやれる。二世代農家なら、年齢に合った仕事の分担で乗り切れる。先の生涯所得は主軸労働力一人あるいは夫婦一世代を前提に計算したが、二世代なら規模拡大して二倍の所得確保も可能である。年金が少ないとしても、定年のない仕事を楽しみながら、所得が得られ、また仕事を続けることで健康長寿を保てる。現にそのような農家をあげればきりのないほどである。

最近のお嫁さんは、親との同居を避けたがるし、農業をしたがらないのも事実である。別居を条件に、家事はするが農業はしない約束をとって嫁入りするケースも多い。親の方も今はその約束をしっかり守る時代である。しかしお嫁さんも、花が綺麗、野菜が楽しみ、ブドウや梨は面白いなどで、やがて農業に手を出し、熱が入るケースも多い。農村婦人がグループを作り、かなりの規模の営農・加工・販売事業を起こすのも現代農村の特徴である。そうなれば、地域での生活、家族生活はますます意味があり、楽しいものとなる。そうした農業へのかかわり方の変化も、かつてのように嫁として強制された時代の農家と異なり、現代的なライフサイクル、生涯単位の自発的な生活創造としてみれば面白さが増し、人生の新たな喜びを追加していくことになるのではないか。その意味でも、生涯産業といえるゆえんである。

宵越しの金を持つ

これまで農業者が二〇歳から六〇歳まで五二七万円を稼いでいけば、サラリーマンの生涯賃金と遜色がなく、それどころか定年もなく七〇歳くらいまで同じ所得をあげ続け、場合によっては八〇歳を越えポックリ逝く日まで仕事と所得を得、健康維持が可能などと書いた。

図27に従っていえば、サラリーマンの場合生涯所得額はＡＢＣＯで囲まれた面積で表される。農業者のそれはA'B'ＣＯで表される。それが均等であれば、双方生涯所得二億一〇〇〇万円でバランスしていることになる。退職金は前払いか、退職時かの差になる。六〇歳以降はサラリーマンでも新たな仕事を見つけ、ある程度の所得を得る人もいるが、農家の場合は、意欲と工夫さえあれば目の前に仕事があり、生涯かなりの所得がある。自然の中で体を動かし健康も保てる。そうしたことを表現した図である。

だが落とし穴がある。もし農業に就業した青年が、当初から都市に出た同級生と自分は同じ所得であると安心し、それに甘んずれば、いずれ憂き目を見ることになる。よほど工夫を重ねていけば別だが、ほぼ自分はその後も同じ所得が続き、同級生は年々上がっていくからである。また同級生は年に二〜三〇〇万で、自分は五〇〇万を越える場合、その金を喜んで使ってしまってはいけない。今のうちに超過分を貯蓄しておかなければ、人生の後半で泣きを見る。その時年齢とともに上がっていく交際費や生活費は不足し、息子たちを高校・大学に進学させることもできないからである。人生の前半で「宵越しの金」を持たねば、バランスが取れないのである。このことは、しっかり頭に入れておかねばならない。

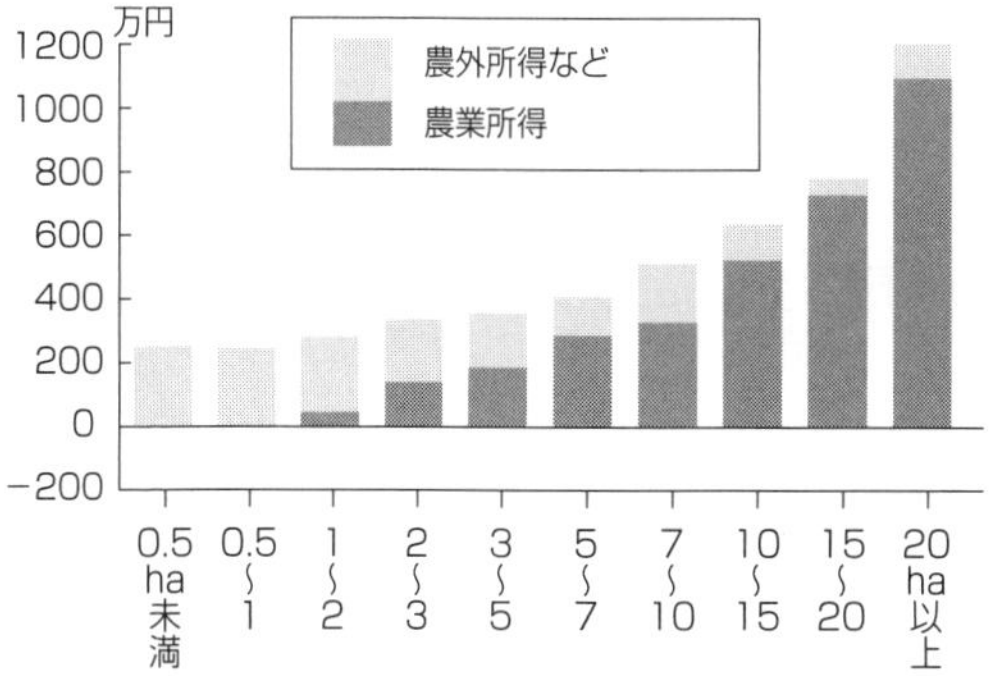

図28　コメ農家の規模別所得

出典：日本経済新聞 2009.11.26
注）527万円を超えるのは（総所得）7ha以上層（うち3分の1は農外所得）。米だけで527万円を超えるのは10ha以上。

年所得五二七万円の条件

さて四〇年間を想定し、年五二七万円の農業所得をあげるにはどうしたらよいか。さしあたり各作目別の単作経営としてみた場合、その必要農地規模を考えてみよう。

稲作の場合、農地規模と所得の関係は図28のようになっており、約一三ヘクタールの規模が必要だ。

また表8（二〇〇七年、経営統計）によれば、温室ハウス等を使わない露地ものだと、夏白菜一ヘクタール、夏秋キュウリ三一アール、夏秋トマト三五アール、夏秋シシトウ二五アールである。温室を利用した施設ものだと、夏秋キュウリ五〇アール、夏

表8　年所得527万円を得るために必要な規模

生産物		経営規模	1時間当り所得
露地野菜	夏白菜	100アール	5,605円
	夏大根	160アール	3,154円
	夏秋キュウリ	31アール	1,291円
	夏秋トマト	35アール	1,383円
	夏秋シシトウ	25アール	688円
施設野菜	夏秋キュウリ	50アール	776円
	夏秋トマト	28アール	1,237円
	夏秋シシトウ	20アール	568円
	イチゴ	15アール	924円
果樹	みかん	238アール	1,091円
	日本梨	149アール	675円
	梅	120アール	799円
	栗	1,033アール	1,033円
	キュウイ	217アール	1,442円
花卉	菊	68アール	700円
切花	バラ	34アール	1,884円
	カーネーション	37アール	1,434円
鉢物	シクラメン	41アール	1,280円
畜産	酪農	44頭	2,365円
	繁殖牛	47頭	1,679円
	肥育牛	233頭	3,947円
	養豚	2,401頭	4,416円
	ブロイラー	289,478羽	1,193円

注）「品目別経営統計」2007年、農水省、「農業経営統計調査」2006年、農水省、などから527万円所得を得られる規模を推算したもの。規模により所得率は異なる点に注意。また上記の規模は、時々臨時の労力を雇うにしても、1～1人強の家族的経営によって担いうる範囲である。さらに、畜産を除いては、作業期間は限られるので、他の作目と組み合わせることが可能であり、年間の作業組合せが大切。

秋トマト二八アール、イチゴ一五アール、である。さらに果樹類では、みかん二・三ヘクタール、日本梨一・四九ヘクタール。施設利用の花の場合だと菊六八アール、バラ三四アール、カーネーション三七アールである。酪農だと四四頭飼養、繁殖牛四七頭、養豚二四〇一頭、ブロイラー一二八万羽といったところである。

一時間当たり労賃で見ると、露地夏白菜の五六〇五円が最高で、次いで養豚四四一六円、肥育牛三九四七円、露地夏大根三一五四円等が比較的高く、他は一〇〇〇円前後となっている。

これだけ見ていると、果たしてそのような規模拡大が可能かと思ってしまうであろう。しかしこれらは特定の作目のみを専門とする単一経営で、労働力を年間にわたり十分に使わない場合である。農業には裏作と表作があり、少なくとも積雪の少ない西日本では、本来なら農地を年に二回使える。また加工を手がけたり、部分的に農外所得を得たり、次に述べるような農業の複合化が必要だ。

3　複合化の重要性

複合経営の追求――ヨコの複合化

これらによって、およその経営状況が想定されるであろう。しかし農家は単一の作目で経営をしても効率は悪く、かけた資本や労働力の十分な活用はできない。稲作なら、かつての家族総出の鍬・鎌農業時代と異なり、今は四〜一〇月におよその作業は終わってしまうし、その間も常時作業があるわけではない。温室等施設利用の場合には、比較的季節性からは免れるが、果実はもちろん、野菜や花も露地ものには季節性がある。

季節性だけでなく、栽培期間中にも日々繁閑の差が続く。したがって米＋野菜、米・麦または大豆＋野菜、米＋肥育牛など、相互に補完的あるいは補合的な作目を組み合わせ、複合経営を行う必要がある。場合によっては、かつての副業のように織物、漆器等の自家営業、臨時の農外雇用も組み合わせの一つとなる。自家の一人ないし二人程度の労働力が、過労にならず、しかも平均した労働配分ができるかどうか、またサラリーマンのように土・日でなくとも、適当に休日が取れるかどうか、といったところに作目選択、及びその組み合わせの妙が必要だ。それは個人の経営内だけでなく、地域内で稲作農家や畜産農家そして野菜を主とする農家などが、互いに稲わらや野菜の残渣の飼料化、家畜糞尿の肥料化などを通じ、互いの副産物を生かした地域複合経営を構想することも重要だ。

またアメリカやカナダ等の大規模農業のように、規模の効率性を最大限生かし、数人でも労働力を雇用する場合と異なり、小規模の所有地の高度利用や優れた家族労働力の活用ができるかどうかに、農業経営の成否がかかっている。したがって、先に単一作目で五二七万円獲得するための農地規模を示したが、二作目を表作と裏作で作る場合、いくつかの作目を並行的にかつ表と裏で作付けする場合などいろいろあるが、そうすれば表8にあげた農地規模は二分の一程度、場合によっては四分の一でもよいことになる。

かつてスイスの農業会計学者ラウルのもとを訪ねた橋本伝左衛門が、ラウルが優れた農家の一年間の労働配分状況をグラフに表すことに没頭していたとの話を思い起こす。作物と異なり、家畜飼養いわゆる「口のついたもの」を導入する場合は、土日・祝日も関係なく、毎日休みなく決まった作業があり、休みも取れない。それは農家にとって課題であったが、地域の農協などによって、最近はヘルパー制度が用意され、家畜飼養農家が二～三日家族旅行をする場合、留守を預かってもらうこともできるようになった。

複合経営の追求――タテの複合化

以上はいわば作目の組み合わせというヨコの複合化である。他方タテの複合化がある。農業を農産物の生産だけと考えず、才覚を働かせて加工・流通過程に手を伸ばしていくことである。図29によれば、農家の庭先の生産物が、消費者の食卓に上るまでに、きわめて大きな付加価値が付く。農家の庭先での食用農水産物販売額は、二〇〇五年で九・四兆円である。また、一部加工されたものも含むが、輸入された生鮮食品は輸入港沖価格で一・二兆円である。あわせて一〇・六兆円の素材が、加工され流通して付加価値が加わり、最終的に食卓に届く段階で七三・六兆円となる。素材の

(2005年)

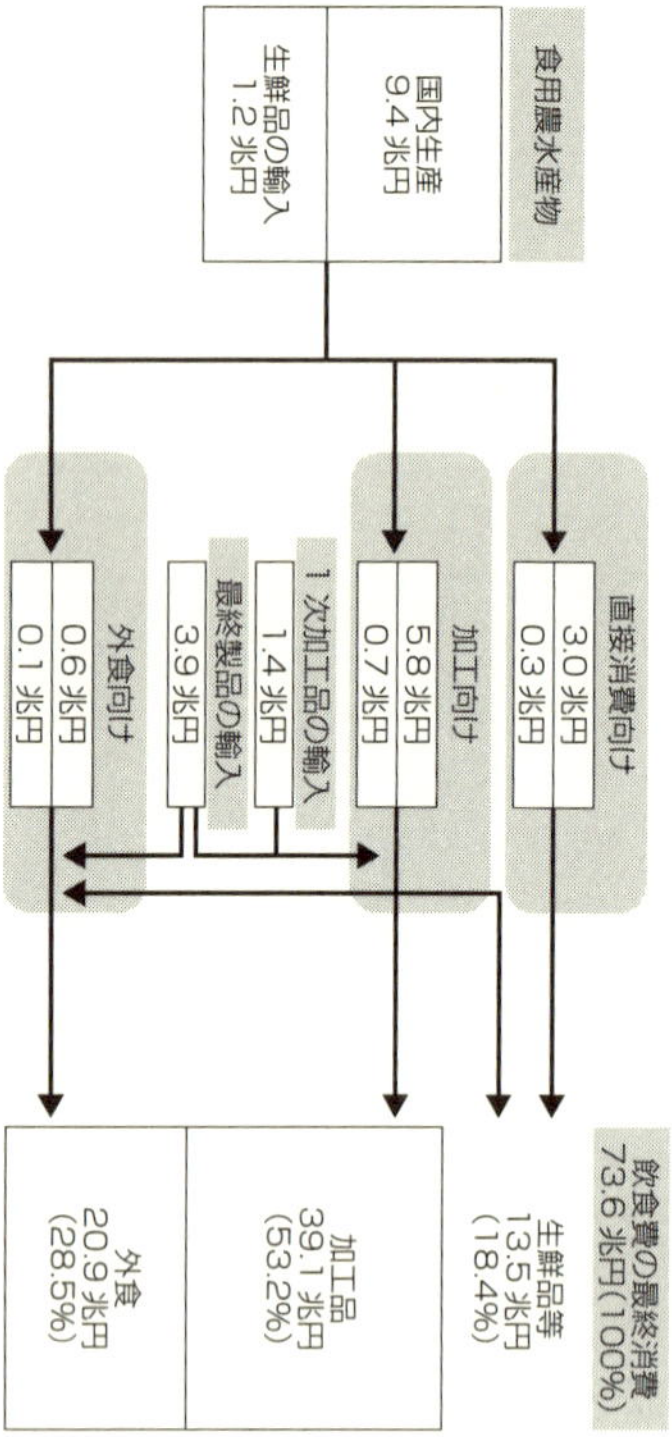

注1）食用農水産物には、特用林産物（きのこ等）を含む。精穀（精米、精麦等）、と畜（各種肉類）、冷凍魚介類は、食品製造業を経由する加工品であるが、最終消費においては「生鮮品等」に含めている。

注2）旅館・ホテル、病院等での食事は、「外食」ではなく、使用された食材費をそれぞれ「生鮮品等」及び「加工品」に計上している。

図29　食用農水産物の生産から飲食費の最終消費に至る流れと付加価値

出典：農林水産省「食料・農業・農村の動向」2009年、64頁。
資料：総務省他9府省庁「平成17年産業連関表」を元に農林水産省で試算。

価格に対し、何と約七倍の付加価値がついている。

もし農家が、生産で得た素材を加工すれば、相当な所得が得られるかもしれないが、それはしばしば放棄されている。近年直売所の設置、農村主婦等による漬物、味噌、ケーキ、パン、弁当など多彩な加工事業が起こされ、数億円単位の売り上げを持つ所が相当生まれてきた。直売所だけでも二〇〇九年末段階で一万四〇〇〇余に上るという。直売と市場流通が一対二の比率にまで高まっている。

4　農業に生きる人と地域

施設を利用する単一経営であれ、複合経営であれ、相当な所得確保を実現した優れた経営は、個人でも組織でも探せばいくらでもある。実際にいくつかの例をあげてみよう。

渥美半島の施設園芸農業

愛知県渥美半島の都市農業を見る機会があった。とくに東部地域は豊川用水が通ってから、農業が一変した。

渥美半島は、元は半農半漁の平凡な収入の少ない村であったが、用水によってそれこそ水を得た魚のように、日本でも代表的な花と野菜の施設園芸地帯に発展した。努力し、工夫して働けば働くほど、普通のサラリーマンなど比較にならない、一〇〇〇万円単位の所得が上がった。傍から見れば辛い仕事も、面白く生きがいでもあるというのが、ここの人たちの労働観だ。

だが、今までと違う夢のような農業に熱中しているうちに、いつしか年をとり、ついお嫁さんをもらう機会を逸したという人もまた、この地域に多いようなのだ。それだけでなく、あそこに嫁にいくと金はあるが忙しくて大変だと、周りから敬遠されたふしもある。やはり人間は経済だけでなく、トータルな満足を求める。所得が上がれば上がるほど、余計にそうなる。そこでこの地域では、JA経済連が中心となって、二一世紀に向けての新たな農村地域づくりを進めて久しい。というのは、この地域の農家が、仕事にいそしみ幸福な家庭生活を営むには、女性を重い農作業から解放することはもちろん、家庭に戻せる農業にしていくことが必要であった。夫と一緒に働きたい人もいるだろうが、それはそれで結構である。

しかしさしあたって一日八時間、週二日の休日があり、やがて農作業は夫だけで大丈夫という状況を目指すことが何よりも大切だと、経済連のリーダーたちは考えたのである。その組織が「営農支援センター」だ。ここから農家に向かって、経営、技術、気象、市場などさまざまの情報が流される。地域内で生産される多くの作物について、生産省力化技術を徹底的に研究する必要があった。農作業の姿勢の改善も課題だ。その他新品種の栽培展示、新機材や栽培システムの展示をする。農水省や県農業試験場の基礎研究を、センターはいっそう現場に近づけ、農家の意見も取り入れて実用化してきた。

開発に成功した接ぎ木機械も見たが、カボチャの台木にキュウリが、瞬時にミニ洗濯ばさみで一つになる。活着率は手接ぎに比べて格段によく、九〇％を超える。今後、苗の植栽機、野菜の収穫機を手がけてきた。また害虫駆除のため、農薬を使わず、虫が交尾期に出すフェロモンを利用して雄をおびき寄せ、箱の中に捕獲してしまう研究も興味深いものだった。

さらに農家は、病害虫が発生すると、すぐにセンターに持ち込み、分析の対策が練られ、被害は最小限に食い止められる。いわば農家と経済連が一体となった地域課題解決の仕組みだ。かなり前のことだが、久々に日本農業の最先端を見た思いだった。

川上村の若者高原野菜

かつて、長野県川上村を訪れた。当時農家戸数六九九戸、うち専業二三九戸、一戸平均二・四ヘクタール、専業となると四ヘクタール程度を持つ大規模の高原野菜産地である。川上村は標高一三〇〇メートルの高地にあり、平地の一般農村に比べ独特の地理的条件・気象条件を持っている。その差異を利用して、温室などの施設を利用せずに、季節はずれのレタス・白菜などの高原野菜を産出する。水田はほとんどなく、あっても畑地利用に振り向け、米は購入して食べる。

戦前および戦後しばらくは、おそらく貧しい村だったに違いない。それが戦後、共有林を開墾して畑地にし、現在の産地が形成された。所得の変動は激しいが、長期的に見て年平均所得一〇〇〇万円は軽く超える。農家は笑いが止まらないといった状態だった。

この村には、後継者問題はない。長男はほとんど残り、次男も「自分にも土地をよこせ、村に残りたい」と言い出すような村だ。いわゆる嫁問題もない。農作業は四月から一一月までが中心で一二月から三月は農閑期だ。青年たちは近くのスキー場や東京のスケートリンクでアルバイトをし、そこで将来の伴侶を見つけてくるケースが多い。

人間は経済的な豊かさだけでは満足できない。日本農業の後継者問題の原因の一端もそこにある。農山漁村の青年の多くは村を去り、憧れの都市に出て働く。しかし川上村のかなりの青年たちは、冬場を東京で下宿しながらスケートリンクのアルバイトで過ごす。そして収入のほとんどを、遊びに使い果たして村に帰ってくる。そしてまた春先からの農作業に精を出す。農繁期にも、時々仲間と二〇～三〇分ほどの清里まで車をとばし、パチンコをしたり飲んだりして帰ってくる。こうして「仕事をし、生活し、遊ぶ」という人間としての基本的欲求を満たしつつ、村で生活しているわけだ。日本にもこんな豊かな村があったのかと思う。

都会生活に比べ、村の暮らしには短所もあるが、しかしかけがえのないよさもある。単なる憧れなどで判断せず、双方のすべてを知ったうえで村の生活を選択していることになる。逆に、最近は東京のある大学の学生グループが毎年山形県の村に援農に行くのだが、その学生の中から農業の魅力に取りつかれ、就農する者が出ているという。何事も観念でなく、経験によって本質が認識できるのであろう。

5　農業は生涯働ける産業

退職後の農業取り組み――地域のために

京都府和知町の山内善継は現在六七歳。六〇歳の定年後栗園開設に取り掛かった。和知町はもともと丹波栗の産地だが、高齢化で山場での仕事がしだいにつらくなり、廃園が続いていた。これを憂えた山内は、地域で「スリー運動」を起こした。スリーとは「栽培面積三〇アール、一〇アール収量三〇〇キロ、三L（大粒）の栗」を目指そうというのだ。まず高齢で無理があるならばと、栽培地を山から平地の減反水田に下ろし、作業をしやすくした。栗は水はけのよさが必要なので、まず暗渠排水から始めた。

こうして年一〇アールくらいずつ晩生の品種を植栽し、二〇〇九年には四五アールとなった。各種の栗を植え、地域の適性を調べる意味もある。低農薬で有機質主体の栽培をする。定年後の本格的な農業取り組みともいえる。荒廃水田に植栽する農家も出てきた。

問題は収益である。山内のところでは、これからが本格的な収穫期にはいるので詳しいことは不明だが、農水省の経営統計（二〇〇八年）によれば、一〇アール当り所得は六・七万円である。四五アールなら三〇万円である。だが収穫期間は約一カ月だから、定年後の月所得としては良いといえよう。むろん収穫期以外の作業もあるので、実際は差し引かねばならない。それでも時間給に直すと一二七八円となり、果樹類の中では良い方に入る。

若者であれば、こうした形で米、果樹、野菜等を巧みに組み合わせ、徐々に周年の生産体制を組み立てていけば、小農的な複合経営が出来上がり、先の年五二七万円の獲得が可能になるのである。

長野信正――家族の中で

長野は百歳で、なお農業の現役である。長年千葉県で農業を営み、今は家業の蘭栽培を手伝っている。家族とともに裏山をきれいにし、蘭の一種えびね蘭の世話が仕事である。そして山いっぱいに蘭の花を咲かせるのが夢である。「身も心も、使えば使うほど光る」というのが信念だ。自家無農薬栽培の野菜を中心に、ビタミンも豊富な胚芽米を食べる。寝床体操、冷水摩擦、歯茎マッサージ、顔マッサージなど、およそ一〇種類の自己流健康法を実践する。その肌のつやと笑顔は、とても百歳の人のものとは思えない。農業には米、野菜、花など、種々の作物、そして種々の作業がある。高齢者に適した作物を選び、適した作業を分担すれば、たとえ百歳になっても、仕事ができる。作った野菜を食べる家族の喜ぶ顔を見ることができる。仕事をすれば、生きがいとなり、いつまでも健康で足腰も達者だ。大自然の中の農作業こそ、高齢者に最も適した仕事といえるかもしれない。

農業新規参入の場合

農地を持たない、農外からの新規参入の場合は、これまでと事情が違う。杉山経昌は、東京に生まれ、通信機器や半導体メーカーのサラリーマンを経て、宮崎県綾町での本格的な専業農業に転進した。農協の世話で農地を買い、ぶどうや桃、花、野菜、加工、養蜂と多彩な経営を進める。杉山は、農業は3K（きつい、汚い、危険）と思ったがまったく違う。それどころか、サラリーマンに比べリストラがない、職業の中でストレスが最も少ない、機械化で力仕事は少ない、時間が自由だ、工夫次第で快適・かっこいい・儲かる、その上軌道に乗れば週休四日も可能で広く人生を楽しめる、と言いそれを実現している。

そうなれば、先にも指摘したが、塩見直紀や坂本慶一のいうような「半農半X」「同時多職、一生多職」で、もう一つの職業や楽しみを持つ、人間として希望と満足の人生が送れる。乗本吉郎は、農業をやりながら、囲碁・将棋等を楽しむのはもちろん、詩や小説を書き、写真家や版画家になり、自由な生活と高度の趣味の世界が広がるという（文献22）。本格農業ではないにしても、近年は音楽家、俳優、タレントなどが農村に住み、農業を楽しむケースも増えている。農業のありよう、可能性が広がる。いま農業・農村は、農外にも門戸を開く可能性と必要性が徐々に高まっている。

第5章　農林業の多面的機能論の現実

――市場の社会化へ

1　多機能空間としての農山漁村

いまや農林水産業に携わる人たちだけでなく、消費者も含めて、これらの産業が持つ農林水産物生産という役割以外の、「多面的機能」multi-functionality of agricultureについて認識を深めることは、大変重要である。なおここでは、農林水産業を営み自然を管理する農山漁村は、「多機能空間」として同じ趣旨で扱うこととする。また林業は森林そのものを含み、水産業は主として沿岸漁業を想定している。

農林水産業は、生物をめぐる育成・利用に関わる産業であり、どのように自然と向き合うかが問われる。このことは、人間と自然の共生が重視される今、社会にとって本質的な問題となりつつある。また農林水産業は場所の特性と密接な関連を持つ。これらが「風土産業」などと規定されたりするのはそのためである。私たちはこうした概念を深く追求し、農林業政策、地域政策に反映させていくことが必要である。

私はこの問題について、日本学術会議で二〇〇一年一一月に、農水省の諮問に応える形で、委員長として検討する機会を与えられた。また水産業に関しては二〇〇四年八月に検討された。そこでの委員会は第六部（当時、農学系）を中心に、文学、法学、経済、理学、工学、医学等一～七部のすべてから委員が参加し、濃密な議論がなされた。農学系だけだと、とかく我田引水になりがちだが、この委員会は学術会議に結集するすべての学問分野が加わって議論されたところに大きな意義があった。以下の議論はその検討を基礎としている（文献23）。

農業・森林の多面的機能論の背景

この問題が諮問された背景には、とくに厳しい状況に追い込まれている日本の農林業の現実、そして大農圏輸出国の圧力に呻吟する中農圏・小農圏の実態、世界的な規模での人口爆発と肉食化による大量の食料需要、森林破壊や地球温暖化といった多くの問題状況がある。

日本農林水産業を例にとれば、食料自給率（カロリー）は四〇％で、主要先進国中極端に小さく、世界史上にもまれな低水準にある。また国土面積に占める森林比率が六七％という、稀有な森林国でありながら、木材自給率はわずかに二四％となっている。何故このような状況が生まれたのであろうか。国として地域として、果たしてこれでよいのであろうか。

これらの状況は、経済効率性という生産機能の側面を優先し、農林業生産物の内外価格差を直接的指標として動く市場社会、国際分業に基づく世界自由貿易政策がもたらしたものと言える。市場原理・国際分業論は、人類に多大の物的繁栄を約束したが、同時に環境問題をはじめ、多くの問題を引き起こしており、その是正が必要となっている。農業・森林の多面的機能の問題は、日本だけでなく、多くの国や地域において、とくにEU諸国を中心に、世界農林業生産配置のアンバランスと、それに伴う機能の発現・享受上の問題としても、議論されるに至った。（文献24）

そして種々の国際的な場において議論が深められ、その維持・保全についての合意が成立し、各種の宣言がなされてきた。例えば、一九九二年の国連環境開発会議でのアジェンダ21や森林原則声明、一九九五年のヨーロッパ以外の温帯林地域一二カ国モントリオール・プロセス合意、一九九五年のFAO（国連食糧農業機関）ケベック宣言、一九九六年の世界食料サミット・ローマ宣言、一九九九年のEU（欧州連合）アジェンダ2001合意などがそれである。しかし多面的機能の内容、発現メカニズム、価値評価等の地域性については、まだ十分な了解点に達しているとは言えない。

それどころか、その後農産物大量輸出国によって、多面的機能論は否定され、依然としてWTO等の場では、市場原理の優先、自由貿易のメリットが先行する形となっている。こうした過程が何を意味するか、私たちはしっかりと認識しておく必要がある。

市場の失敗としての多面的機能問題

アメリカ、オーストラリア、カナダなどの大農圏は、広大、平坦、肥沃な土地を次々と農地化し、巨大な農産物輸出国となった。その大規模農業は、有利な条件を活かして、開発の当初から粗放的かつ効率的な輸出産業として成長し、安価な農産物を大量に産出し続け、ＥＵなどの中農圏農業を脅かし、日本などの小農圏農業は大きな困難に直面することとなった。

ＥＵ諸国は、この脅威に対して早くから森林・林業を含めて、農業・農村のもつ生産活動に付随する多面的機能に着目し、土砂崩壊、土壌流失、洪水防止などの国土保全、水資源の涵養、大気浄化、温暖化抑制などの環境保全、安らぎ空間となる景観の形成、社会的・文化的価値の継承等をあげ、国としてその保全に努力している。

これらの公益性の高い多面的機能は、食料や木材の供給等農林業生産や森林管理活動に付随して発現するが、市場機構を通じては誰も支払いを受けることのない「プラスの外部効果（外部経済）」として認識されている。これらの機能の維持保全は、市場メカニズムを通じては困難とされ、この状況を「市場の失敗」と称するのである（文献25、26）。このような市場の失敗を是正すべく、現在の自由貿易政策に対する危惧が、多くの国によって表明されるに至っている。もはや単純な国際分業論ないしはこれまでの自由貿易論は、環境問題等も含めて、ある種の限界を露呈するに至り、新たな貿易関係の確立が必要となっている。

農業・森林の多面的機能

現代社会のさまざまな行き詰まりの中で、人々の間に価値観の変化が起こり、自然や農業・森林への関心の高まり、「春の小川」や「ふるさとの田園」に象徴される、農村的なものへの憧憬も生まれ高まってきている。

さてその農山村地域社会は、日本の場合、生産の場と生活の場が同一であり、しかもほぼ一つの生態環境のユニットとしても展開する場である。それらは一つの空間において重なり合い、切り離しがたい有機的なシステムとして独特の地縁社会を形成した。

ここでは学術会議で作成した多面的機能一覧表（表９）の大きな項目を列挙すると、次のようなものがある。

まず農業の多面的機能については、①持続的食料供給が国民に与える安心、②農業的土地利用が物質循環系を補完することによる環境への貢献（洪水防止・生ごみ分解等自然の物質循環系全体への貢献、二次生態系としての生物多様性や景観の保全等）、③生産・生活空間の一体性と地域社会形成・維持（地域振興や伝統文化の保全、都市的緊張の緩和等）である。また森林の多面的機能については①生物多様性保全、②地球環境保全、③侵食防止・土壌保全、④水源涵養、⑤快適環境の形成、⑥保健・レクリエーション、⑦文化への貢献等である。これらをもう少しイメージ化したのが、ここに示したイラスト図30である。

表9　農林水産業の多面的機能一覧表

農業の多面的機能	森林の多面的機能	水産業・漁村の多面的機能
1　持続的食料供給が国民に与える将来に対する安心 2　農業的土地利用が物質循環系を補完することによる環境への貢献 1) 農業による物質循環系の形成 (1)水循環の制御による地域社会への貢献：洪水防止　土砂崩壊防止　土壌浸食（流出）防止　河川流況　地下水涵養 (2)環境への負荷の除去・緩和：水質浄化　有機性廃棄物分解　大気調節（大気浄化　気候緩和など）資源の過剰な集積・収奪防止 2) 二次的（人口の）自然の形成・維持 (1)新たな生態系としての生物多様性の保全等：生物生態系保全　遺伝資源保全　野性動物保護 (2)土地空間の保全：優良農地の動態保全　みどり空間の提供　日本の原風景の保全　人工的自然景観の形成 3　生産・生活空間の一体性と地域社会の形成・維持 1) 地域社会・文化の形成・維持 (1)地域社会の振興 (2)伝統文化の保存 2) 都市的緊張の緩和 (1)人間性の回復 (2)体験学習と教育	1　生物多様性保全：遺伝子保全　生物種保全　生態系保全 2　地球環境保全：地球温暖化の緩和（二酸化炭素吸収　化石燃料代替エネルギー）地球の気候の安定 3　土砂災害防止／土壌保全：表面浸食防止　表層崩壊防止　その他土砂災害防止　雪崩防止　防風　防雪 4　水源涵養：洪水緩和　水資源貯留　水量調節　水質浄化 5　快適環境形成：気候緩和　大気浄化　快適生活環境形成（騒音防止　アメニティー） 6　保健・レクリエーション：療養　保養（休養　散策　森林浴）行楽　スポーツ 7　文化：景観・風致　学習・教育（生産・労働体験の場）自然認識・自然とのふれあいの場）芸術　宗教・祭礼　伝統文化　地域の多様性維持 8　物質生産：木材　食料　工業原料　工芸材料	1　水産食料：資源の供給：安全・安心と自給率向上 健康の増進　医薬品原料の供給 2　自然環境保全：物質循環系の補完　人間活動の循環系修復 環境保全：水質浄化、渚クリーン、魚付林 生態系保全：生物資源保全　干潟　藻場 3　地域社会の形成・維持 所得と雇用の創出：漁村・海域の総合利用 関連産業高齢者就労 文化の継承・創造：漁村文化　食文化 4　居住・交流の場提供　保養・交流・教育の場 開発・利用と社会の活性化　白砂青松の景観の形成・維持 5　国民の生命・財産の保全：海難救助機能 防災と救援：津波　災害救援　汚染除去　環境モニタリング 海域監視：不法操業　不審船発見　情報網

注）農業の場合は生産活動に付随する機能、森林の場合は主として森林の存在及びその管理活動に付随する機能、水産業は海洋と関連する機能であるため、やや性格が異なるので、あえて統一せず、各 WG の検討結果を生かし列挙するにとどめた。（学術会議の委員会で整理）

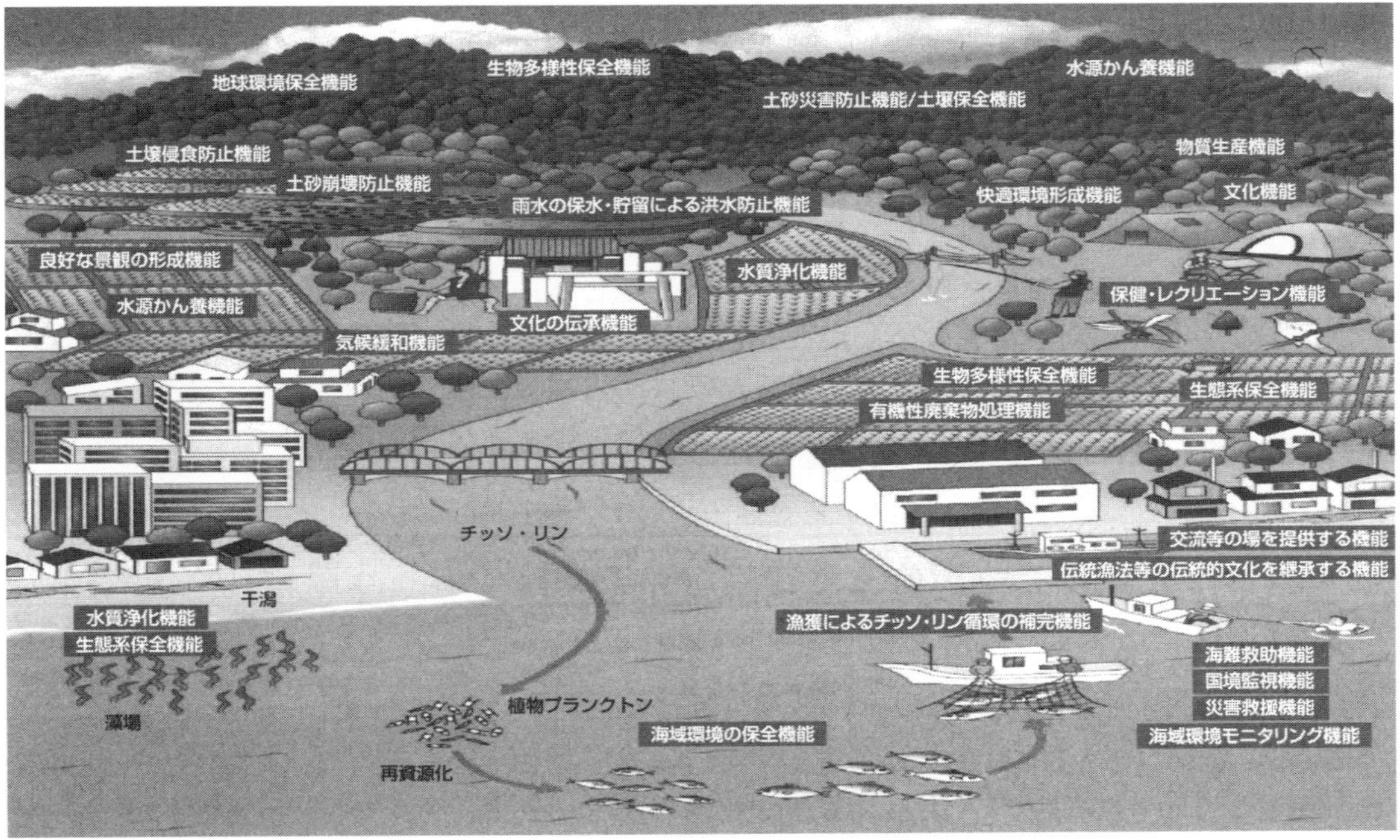

図 30　農林水産業の多面的機能・イメージ図

出典：農林水産省「食料・農業・農村の動向」2008 年、66 頁。日本学術会議答申を踏まえ農林水産省が作成。

日本農山村の地域的特性

日本農村の地域は協同して、森から水田、そして下流域へと、人体をめぐる血管のように巧みに水路を配し、巧妙な装置を作り上げ、それを維持・管理してきた。また日本は山岳国で、広く火山灰土に覆われており、河川は急流が多く、大雨を伴う台風の襲来もしばしばであるため、いつ崩壊するかもしれない危険な場所が多い。このような国は世界的にも珍しい。こうした自然条件のもとでは、上流域の人々の、下流域を意識した森林・山地の管理、田畑の管理、水管理は、流域全体の安全にとって、不可欠の重要課題であった。私たちは日頃気づかないが、日本の大地に刻印された二次的自然の形状は、このような有機的な地域システム、流域圏の思想とでもいうべきものを抜きにして語ることはできない。

高度成長とともに、流域を中心にした社会経済圏は衰弱し、一部の沿海社会経済圏が隆盛となった。しかしそれらは今、それぞれに問題を抱えている。現在農林業を基盤として展開した流域社会経済圏、商工業を中心に展開した沿海社会経済圏それぞれの再生と、新たな結合が求められているといえよう。その芽は、各自治体の将来計画の中で、すでにさまざまな形で現れている。

例えば、多様な都市・農山村交流、すなわち農山村での保健休養・レクリエーション、自然体験、農林業体験、森林ボランティア、市民農園、観光農園、都市の屋上緑化や屋上農園、農業用溜め池の公園的利用、交流イベント、姉妹町村関係等々、地域の遺跡・文化財の保護、鎮守の森の保全、下流民が上流の森林を自らの水源地域と自覚してこれを支援する水源基金制度、生活環境や食べ物の安心・安全を得るための消費者・生産者の多様な連携、各地に見られる「地域自給」「地産地消」の思想等々である。

2　多面的機能論は世界に受け入れられているか

議論の展開過程

私たちがいくら声高に農業の多面的機能論を叫んでも、これが世界の貿易関係の中で受け入れられなければ、市場原理が貫徹するばかりで、市場の失敗は止むことがない。それどころか、環境は悪化し、生活は潤いを失い、世界の人々は、ただ目先の利害に明け暮れる、工業中心世界の味気ない経済動物となる。

だが、先進工業国において農業の多面的機能の存在自体については、広く認められてきたのである。この言葉自体、ヨーロッパ発の考え方として、日本に輸入されたものなのである。アメリカでもすでに一九七〇年代に、農業用水向けを含む多目的ダムの湖はレクリエーションの場として、正の外部効果をもたらすものと考えられ、それを数値化することが一般的に認められていた。オーストラリアでは、農業の洪水防止機能を評価していた。

最近では一九九八年のＯＥＣＤ農林大臣会合コミュニケで、地域開発のあり方に関連して、多面的機能 multi-functional character として言及されている。しかしその後、大農圏農業国がしだいに輸出先を狭められるのを嫌い、ヨーロッパや日本の主張は農業保護の隠れ蓑になっていると批判した。そして多面的機能といわれるものの定義や範囲を狭め、新たな装いを持った経済計算の中に封じ込めようとした。これは、人口大国である中国やインド等の経済成長が始まり、農産物需給がひっ迫し、環境問題、安全性問題が重く議論される前の、農産物過剰感のある段階で論理化されたものといってよい。

特に一九八〇年代以降アメリカもヨーロッパも、麦やトウモロコシの過剰生産に悩み、日本は米余りの状況に直面していた。そこへ登場したのが、デカップリングの思想であった。これは、農産物生産の需給が均衡するよう、かつ貿易関係も維持されることが望ましいとの見地から、生産過剰を増幅しない政策、つまり農業保護は必要だが生産の刺激にならない形の政策へと、過剰生産を誘発しやすい価格政策の転換を図るものであった。この点で、世界は状況が一致していたのである。

それはそれで重要なことであったが、同時にそれが輸出国の輸入国に対する攻撃材料にもなった。つまり大農圏諸国は、安価な農産物が供給可能なのに、輸入国は自国の農業を守ろうとして、輸出国の役割と利益を阻害しているというものである。他方で、工業生産物の貿易自由化が進むにつれ、日本のより優れた安価な製品がアメリカを圧倒し、ヨーロッパにも広く進出するようになり、貿易の不均衡が生じた。日本の「集中豪雨的」と呼ばれた輸出により、巨大な貿易赤字を抱えることになったアメリカは、せめて農産物と兵器くらいは輸入せよと日本に迫ったのである。米余りに悩み、苦渋の末生産調整に入った日本に、米の輸入を迫っただけでなく、農産物全体に対して「農工一体の貿易自由化」を主張した。

農空間に虚無を盛る

そのような中で、多面的機能論は変形していく。いわく、国民の食に関する安全安心という食料安全保障の主張は、安定した海外からの供給を拒む身勝手な論理であり、承服できない。いわく、日本は水田の洪水防止的ダム機能の重要性を主張するが、それによって海外の安価な米の輸入を拒むのは不当である。どうしてもダム機能をというなら、水田に米を作らずとも、畦畔の維持管理そのものに予算を投入すれば済むことではないか。それがデカップリングの思想にマッチするというのである。なんということであろう。農業生産活動の結果として、不可避の副産物ないしは結合生産物として、畦畔が守られ景観が維持されるのではなく、農家はあぜ道そのものに向かって汗を流せというのである。農家は、立派な畦畔の田畑に何も作らず虚無の世界を盛り上げることになるのか。

生産調整が始まったころ、私は全国の農家が精気を失い、「農業もつまらないものになった」と嘆く姿を見てきた。それは「お金をあげるから、米を作らず昼寝をしておってくれ」と受け止められていたのである。その上ここに至って、米を作らない田の畦道づくりに精を出すなど、農家の誠実な労働観を根底から揺さぶり、その底流にある勤労の意味と価値を否定するものといえよう。

安易にお金がもらえるなら、こんな有難いことはない。しかしそれは、農村社会のありようを根底的に覆す。日本の高度成長を支えたのは、二千年の稲作社会で醸成された、農村から流出してくる誠実で良質な労働力であった。その貴重な歴史的社会的基盤を、自ら突き崩すものであったといえるだろう。

こうした経緯を、作山巧は『農業の多面的機能を巡る国際交渉』で、よく整理し明快に記述している（文献27）。特に一九九〇年以降は、多面的機能という表現は影をひそめ、「非貿易的関心事項」non-trade concernsという用語に転換する。その背後には、多面的機能論が自由貿易路線を否定するものとして、輸出国が敵意をむき出しにし、潰しにかかったという背景がある。

またEUやスイスなどから提案された食品の安全性問題、食品表示、動物愛護といった、多面的機能論とは異なるものをも包摂する概念とされたのである。さらに発展途上国は、多面的機能論は満ち足りた先進国の論理であり、そのようなゆとり次元の議論を省みることはできないとの主張があった。こうした用語転換と内容変化は、自由貿易促進に向かうことを前提としつつ、多面的機能を守るどころか、さまざまな農業保護費用や関税率の削減の方法、そのためのルールづくりに収斂させることとなった。結果として、日本などの議論は軽視されたのである。

論理の転倒

アメリカ等の議論では、日本でいう農業の多面的機能を「多面的性格」と言い換え、実証可能な正の外部性を持つ機能を［非農産物］non-comodity outputsと呼ぶこととしている。そして先の畦道保全論に見られるように、農業生産活動の生み出す機能といえども、生産とは分離して考え、別な方法で守ればよいという倒錯した論理が確立されていったのである。デカップリングと多面的機能の不幸な結合は、その計算式にも現れている。それは［農産物輸入価格＋多面的機能（非農産物）維持費＜農産物国内価格］である。つまり先の例でいえば、米を輸入し、米は作らずとも畦道保全に費用を投じ、それでも国内農産物より安上がりなら、輸入していけばよいではないか、ということである。いかにも説得力のある主張に見える。

しかし、そこにはさまざまな問題点がある。

上述したように、結局はすべてを金銭に換算することで、農家は動植物を育て作る農業者としてのプライドを失う。私たちが生活を支え仕事を続けうるのは、労働の金銭的な価値だけでなく、独自の文化とエートスなのである。また世界の国や地域は異なった自然、異なった機構、異なった地理環境、異なった歴史の中に展開しているのだが、それらの生活様式、文化や理念をすべて金銭に換算してしまわなければならない。地域性、文化の多様性といったことは、取るに足りない平板な次元のこととなり、経済の中に埋没していくこととなる。

多面的機能の数値化、実証可能性が問題にされ、それのできないものは容認されないとの基本的立場がうかがえる。それにしても個性的なもの、理念的なもの、文化の多様性といったものをどこまで見える形にし、金銭化できるというのであろうか。そのような状況の上に多面的機能論は限界づけられているのである。

こうした中で、窒素循環と環境保全といった大きな視点から見た時、安易な妥協の許されない長期的問題が浮かび上がる。日本学術会議でも、この点について議論を深めたことがある。日本の畜産は、輸入飼料加工業などと揶揄される。大量の穀物が飼料、食料として輸入され、家畜の糞尿、人の糞尿と化し、家庭や食品業のゴミと化す。それらはほとんどリサイクルされることなく、あるいは仮にリサイクルされたところで、過剰な有機性廃棄物として、最終的にどこかに蓄積されていく。それは農地や河川、地下水であり、やがて近海に流れ込む。海外で生産され、国内に入ってきた過剰な窒素分として、そこここで環境に悪影響を及ぼす。それはじわじわと日本の国土全体を覆いつつある。その量は年間一六三万トンと、日本農業土木総研が二〇〇〇年に試算している。このような問題は、多面的機能の戦略的技術的扱いの中で、埋没していくほかはない。

地域視点から見た各国の多面的機能論との関連

さてこのような地域認識に立って考えたときに、国内、国外にわたる多面的機能論の背景について、その同一性、差異性が浮かび上がってくる。

アメリカ、オーストラリア、カナダなどの大農圏諸国は、環境問題の重要性を否定するのではないが、「多面的機能の概念はいまだ不明確であり、保護主義政策の隠れ蓑となり、自由貿易政策を歪曲するものである」と主張している。

他方EU諸国は、多面的機能の存在と意義、その内容について、日本などとともにOECDその他の国際会議の場で共通の議論を行っており、ほぼ了解点に立っていた。しかしEU諸国は日本と異なり、平均規模三〇～四〇ヘクタール程度の中農圏で、その食料自給率はいずれも七〇％以上に達し、フランスはアメリカなどと競争する輸出国である。ドイツでは、食料自給率七〇％以上が常識とされ、一般に国の権利とさえ認識されている。フランスのCTE（経営に関する国土契約）政策、条件不利地域政策等は、多面的機能の価値評価よりは、その機能の発揮を可能とする地域社会の活性化にどれほどの支援が必要であるか、という視点から検討されているように思われる。

ＥＵ全体としては、輸出国と輸入国が並存しており、日本のようなカロリー自給率四〇％などという切迫した地域や国はなく、むしろそのようなことにならないよう、アメリカなどの圧力を毅然として拒否してきたのである。

以上のように日本は、アメリカやＥＵに比べ、農村はより強い地縁性をもち、平均経営規模一・八ヘクタールという小農圏であるが、その条件不利性から農業さらに林業、したがって農山村は後退を続けている。今後、自然条件、農業形態、地域形成の差異、多面的機能発現機構およびその価値評価の地域性、歴史性等について、他の国や地域とより深い共通認識へと至ることが期待される。

多面的機能を語る余裕もなく、しばしば自国の食料安全保障に苦しみつつも、外貨獲得のために農産物を輸出したいと願う発展途上国に対しては、その要請を容れていく必要もある。第９章で述べるように、日本は農産物の極端なアメリカ依存を是正し、自ら生産効率を高め自給率を上げるとともに、途上国にも道を開く輸入相手国の多元化が必要である。ＦＴＡ等の推進も、それにかかっている。

日本のような小農圏が、今後国際的な場において、どのような理念の下に、どのような位置づけを与えられていくかは、発展途上国を含む多くの小農圏の運命を決する意味合いをもっているといえよう。

3　多面的機能の内容と評価

評価の主観性と幅

さて多面的機能は金銭化、数値化が可能であろうか。可能としてもどの範囲までできることであろうか。私はそれは主観的なものでもあり、状況によって大きく異なり、一般的な解は出しにくいと考える。

かつての人口も少なく人間の活動水準が低かった段階では、大気・水・土の汚染も自然の浄化能力の範囲にとどまり、農業や森林資源およびそれが発揮する多面的機能は空気のような存在で、認識の外にあり、その限りで主観的価値評価はゼロに近く、事実人はそれに支払いはしなかった。しかし逆に、人類の生活が明日にも危ういとなれば、それに対する諸措置は、人類の存亡をかけて、何はさておき優先されるであろう。こうしたことを図31に示した。人間の主観的な評価の領域は、周辺状況の中で〈安心域→不安域→危機域→破局域〉と移動しつつ、しばしば過小あるいは過大な形で発現してくる（文献28）。また「森は母親のようなもの」との議論があったが、母親の価値は

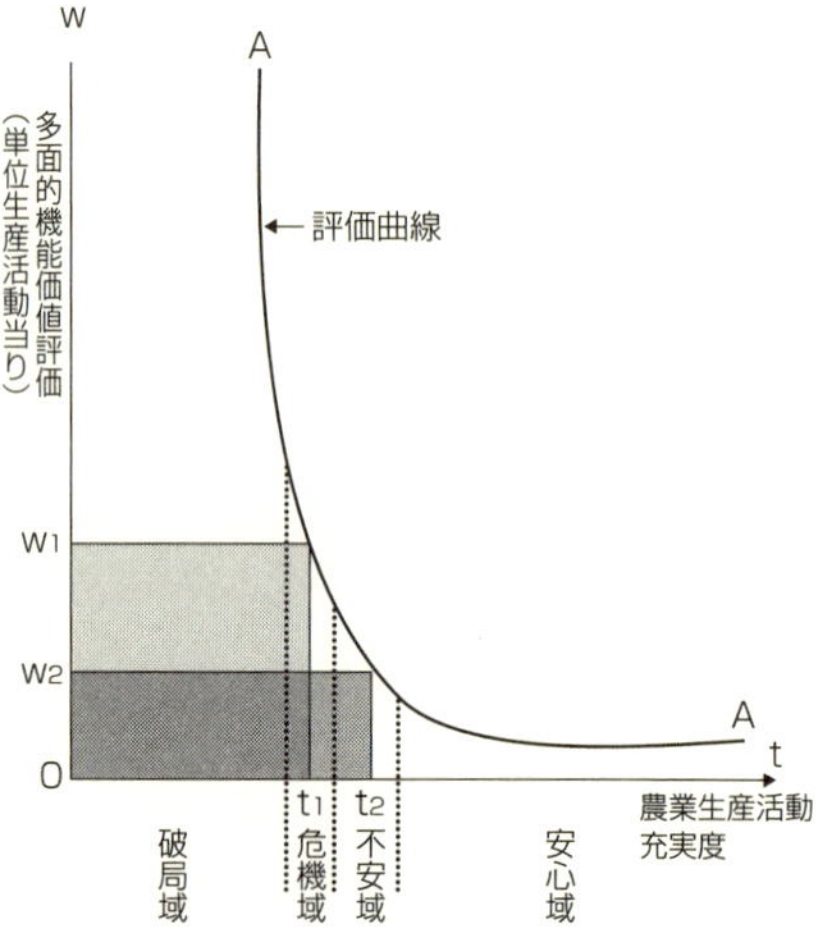

図31　農林業の充実度・荒廃度と国民の価値評価

注）農業の充実度（自給率等）に応じ、国民の農業および農業の多面的機能（外部経済）評価は、安心域・不安域・危機域・破局域へと移動し、Aのような価値評価曲線をたどる。そして多面的機能の評価額は不安域では $t_2 \times w_2$ となり、危機域では $t_1 \times w_1$ と累増する。安心域では価値は自覚されにくく、逆に破局域では価値はほとんど無限大に評価される。

計れない。私たちにとって、事態の正しい認識が必要となる。（図31）

日本全国の水田や畑、農業・農村がもつ多面的機能の評価について、これまで四兆一〇〇〇億円、六兆七〇〇〇億円、一一兆八七〇〇億円等々の経済評価例がある。また全国の森林を対象に、約七五兆円の多面的機能があるとする試算例がある。しかし、自動車産業など一社で一〇兆円から二〇兆円に及ぶ生産高をあげる企業も少なくない時代に、農林業・森林及びその多面的・公益的諸価値の評価としては、あまりにも過小ではないか。このような認識では人類の基本的な生存・存続の基盤そのものが、思いのほか早く失われてしまうのではないか。

私たちは今こそ深い洞察力をもって、環境や人間生活をめぐる問題が不安域を越え、危機域にあること、あるいはやがて破局域に近づいていくことを自覚するとともに、それと強く連動した農業・森林の真の価値と世界的配置のあり方、貿易のあり方について、工業生産活動の方向も含め、深く思いをはせるべき時ではなかろうか。

多面的機能について、国民的あるいは国際的合意が必要であるとすれば、かえって不正確なあるいは限定的な定量化をするよりも、多面的機能の内容と意義、農業・森林保全の理念の理解に、まずは精力を傾注すべきである。とりわけ農業・森林の果たす社会的・文化的機能、教育的機能についての計量化は困難である、というのが学術会議の委員会での主な意見であった。

とはいえ定量的評価は、一定の範囲と方法により試算可能であり、生産者にとっても、また多面的機能の受益者にとっても、その自覚と相互理解のために有益な面がある。そこで具体的な定量的価値評価の手法と現実妥当性を高めるため、三菱総研に依頼して、別途に委員会の議論を踏まえた調査検討を進めた。その結果が表10である。

こうした試算をするのに、現在のところ多面的機能の具体的な定量的評価手法として、①代替法、②ＣＶＭ＝仮想状況評価法、③ヘドニック法、④トラベルコスト法等の、およそ四つがある。これらの手法には、それぞれ適用可能な範囲と長短があり、その適用に当たっては細心の注意が必要である。今後も各機能に最も相応しい評価方法により、かつ現実妥当性を高める方向で価値評価がなされなければならない。

表10　多面的機能の評価額（農業の場合）

機能の種類	評価額	評価方法
洪水防止機能	3兆4,988億円／年	治水ダムを代替財として評価
土砂崩壊防止機能	4,782億円／年	土砂崩壊の被害抑止額によって評価
土壌浸食（流出）防止機能	3,318億円／年	砂防ダムを代替財として評価
河川流況安定機能	1兆4,633億円／年	利水ダムを代替財として評価
地下水涵養機能	537億円／年	地下水と上水道との利用上の差額によって評価

出典：祖田修他編『農林水産業の多面的機能』農林統計協会、2006年
注1）学術会議における討議内容を踏まえて行った貨幣評価の結果のうち、答申に盛り込まれたもの。
注2）農業の有する機能は、評価に用いられた代替財の機能とは性格の異なる面があること等に留意する必要がある。

水産業の多面的機能

農林業の多面的機能については、EUに始まり各国で論じられて久しい。しかし水産業についてはあまり例がなく、近年日本で問題にされ始めたと認識してよい。学術会議では、農林水産業すべてについて多面的機能を検討したが、三部門ともに並列してというのは、日本でも初めてというだけではなく、世界的にも注目すべきことであった（文献23）。四方を海で囲まれた日本としては、当然議論を深めるべきことであった。ここでその点にも付言しておこう。

日本では、水産業は古くより人々の生活基盤であり、稲作文化とともに漁労文化をも形成してきたのである。「山の幸、野の幸、海の幸」は日本人の生活基盤とそれへの感謝を物語る表現といえよう。水産業・漁村は、魚介類、海草類のほか、飼肥料、魚油、医薬

品、工芸材料などの素材を提供している。日本は世界有数の「魚食国」であり、世界一の長寿を支える一要素ともなっている。

しかし海の持つとりわけ沿岸漁業と漁村の持つ機能はこれにとどまらない。他方で人々がその景観を楽しみ、浅瀬で泳ぎ、魚釣りをし、小船を漕ぎ出して日ごろの疲れを癒し、健康を回復する場となっている。こうしたレクリエーションやツーリズムの対象となり、漁村でも新たな対応がなされている。これらを捉えて、漁業とか水産業というより、むしろ「海業」（うみぎょう）として捉えなおそうとする論者も生まれている（文献29）。

上記答申では、水産業・漁村の多面的機能として、食料・資源の供給、自然環境の保全、地域社会・文化の維持、生命財産の保全、生活と交流（都市民の保養・学習）の場の提供、などがあげられている。さらに国境監視機能も加えられている。そしてこれらはそこに人々が住み、適正に生産と自然管理が行われている場合にのみ、維持されうる機能であるとしている。

ただ農林業については一応可能な範囲で金銭的評価を行ったが、水産業については農林業以上に誤解と混乱を招くとして、行わなかった。今後それが可能かどうかは、さらに検討されることとなろう。

多面的機能論への期待

近代農法は化学化、装置化、大規模化により、いわゆる「農業の工業化」と呼ばれる道をたどり、多くの問題を露呈し、プラスの外部効果としての多面的機能とともにマイナスの外部効果をも生むに至った。生態環境に負荷を与え、畜産公害を生み、野生生物を減少させ、あるいは食べ物の安全性に不安を与える結果になっている。大農圏輸出国においても、過剰な農地開発と森林の減少、土壌流失、灌漑による地下水の枯渇や河川の汚染、さらには農用地として利用の困難な塩類集積地域の拡大などが起こっている。

こうした農林業・森林をめぐる問題は、大農圏、中農圏、小農圏を問わず、多少の差はあれ、各国が等しく直面しており、農学ひいては人類の英知をかけて改善し、共生と循環の農林業生産システムを確立することが急がれる。

また環境問題を生じるからといって、自国の農業生産を極端に縮小し、あるいは自国の森林だけを大切にし、他国の環境の破壊や汚染を見逃すことは許されないであろう。人口増加の続く世界的現実の中で、食料増産と環境保全を両立させ、循環型社会を形成することは至難のことであり、国境を越えた、等しく人類が課題として取り組むべき問題の一つである。

すでに触れたように、二〇〇〇年以降食料自給率（カロリー）は約四〇%、木材自給率は約二四％、水産物自給率は約五〇％程度となっている。自国の農林水産業の実態を考え、これらの数字を見る時、あまりにも海外依存となっている。日本は国際貿易交渉の制約を受け、そこで支配的な市場原理優先の思想のもとで、国内の資源を十分に管理・活用せず、海外の資源に頼り、海外の環境破壊の上に、自らの生活基盤を確保しているとも言える。このことは同時に、自国産業のもつ多面的機能を放棄し、他国の多面的機能を減退させる面も伴っていることを付言しておきたい。

こうして今、私たちは「人は飢えずに環境を守れるか」という重要な局面に立っている。それは市場原理のみでは解決できず、生態環境原理、生活原理を加えたより広い見地に立って、新たな展望が切り開かれるべきことを要請している。

以上のように、農林水産業のもつ多面的機能は、地域環境及び地球環境の保全、豊かな人間生活にとって今後ますます大きな意味を持つと考えられる。

より経済効率的な農林漁業生産、持続的な農業・森林・海域の管理のための技術の開発、循環型社会の構築、計画的な国土・海域利用、人間らしい生活の場の形成といったことは、それぞれの地域において、調和的・統合的に実現していくことが重要である。そうした持続的な地域や国の連鎖の上に、地球規模の環境保全と人類の安寧も展望されるといえよう。

さらに言えば、一人の若者がコンクリートとアスファルトに囲まれ、高層のマンションで育ち、ひたすら受験競争を勝ち抜いて最高度の知識は得たとして、果たしてどれほどの人間力、底力を持った人間になるであろうか。農村も都市化して類似の環境にあるが、それでもまだ泥土にまみれ、土の匂いや温もりを知り、幾重にも関係性を積み上げる村社会のあり方の中で育った若者に、清濁併せ呑む優れたリーダーとなる素質が備わるのではないか。私は、昨今の政治状況を見るとき、これこそが多面的機能の最大のものとさえ思うのである。

こうした農林水産業管理、そして多機能空間としての農村にまつわる正と負の側面を顧慮したとき、私たちの深い洞察力と内外の相互理解が必要であり、さらには新たな自然観の形成、教育観、環境倫理、食の倫理なども求められることとなろう。

第6章　害獣たちと人間

――形成均衡の場所へ

1　害獣化する野生

クマ騒動と鳥獣害

クマ等の異常な出没は、最近はやや沈静化しているが、鳥獣害自体は後を絶たない。特に二〇〇四年の秋は、日本各地でクマの人里への出没が激しく、人に危害を加え、作物を荒らすなど、話題になった。私が住んでいた福井県でも、町なかの消防署にクマが現れるなど全国の中でも最も多い方だった。二〇〇四年に福井県内の累計で、目撃件数一三三一件、捕獲二四三頭、うち射殺一六九頭、奥山放獣七四頭、人的被害一五名であった。年によって異なるが、その後も出没は絶えない(文献30)。

日ごろから、シカやサル、イノシシ、カラスなどの、いわゆる作物の鳥獣害に悩まされていた農家は、人身への危害も加わり、とても我慢ができず、殺害による駆除が一番と考えた。しかし鳥獣保護が大切と考える人たちは、捕獲の上一頭でも多く、再び奥山へと運んで森に放つことを望んだ。立場の違いによって、議論が沸き、対立が起こり、緊迫した事態も発生した。

私はおよそ十数年前、北海道でシカ対策の長大な「シカ柵」を見てから、農業にとって新たな由々しい問題として、人間と自然の基本的な関係のあり方について、鳥獣害問題を通して考えてみたいと思うようになった。

二〇〇四年の突然の全国クマ騒動の背景について、専門家たちは、①その年の多発した台風や豪雨で、栗やどんぐりなどが落ちたり腐ったりした、②台風の気圧変化がクマに緊張状態を与えた、③人が、奥山はもちろん里山にも入らなくなった、④高齢者が増えて人里も寂しくなり、追いかける若者がいない、⑤民家の柿や栗が、収穫されることもなく、そのまま残っている、⑥杉・檜などの人工林が増え、木の実のなる天然の落葉樹林が減った、⑦犬の放し飼いをしなくなった、等々の理由があるとする。

クマは人に大きな危害を加える点で、すぐ世間の話題になる。しかしサル、イノシシ、シカ、タヌキなどのばあい、人的被害は少ないが、農地に現れ、遠慮なく作物を荒らす。いわゆる鳥獣害問題だが、農家にとっては深刻でも、全国的に注目されることはない。まだ自給自足の段階ならともかく、商品生産となれば農家は生活に窮し、お手上げである。人的被害に劣らず、作物被害の方も大変である。

鳥獣被害の実態

かつて人が山に入り、熱心に田畑を耕し、人里に元気のいい若者や子供たちがたくさんいた頃は、まだ動物たちは奥山に潜み、遠慮していた。里に出て悪さをすれば、子供の集団にはやし立てられ、若者たちや犬に追いかけられ、時には命を落とす。そのことが身に沁みているのは、何よりも動物たち自身であった。

写真1　里に出たクマ

提供：米田一彦（日本月の輪熊研究所長）撮影

動物たちは山の上からはるかに人間界を眺めながら、人里はいま活力を失い、ひょっとすると、自分たちの生活圏の一部にできるかもしれないことを見抜いているのである。若者は去り、子供たちの元気な声はめっきり少なくなり、ゆったりと足を運ぶお年よりは、動物たちが畑で悪さをしても追いかける元気のないことを知っている。

今農山村を車で走ってみるがよい。か

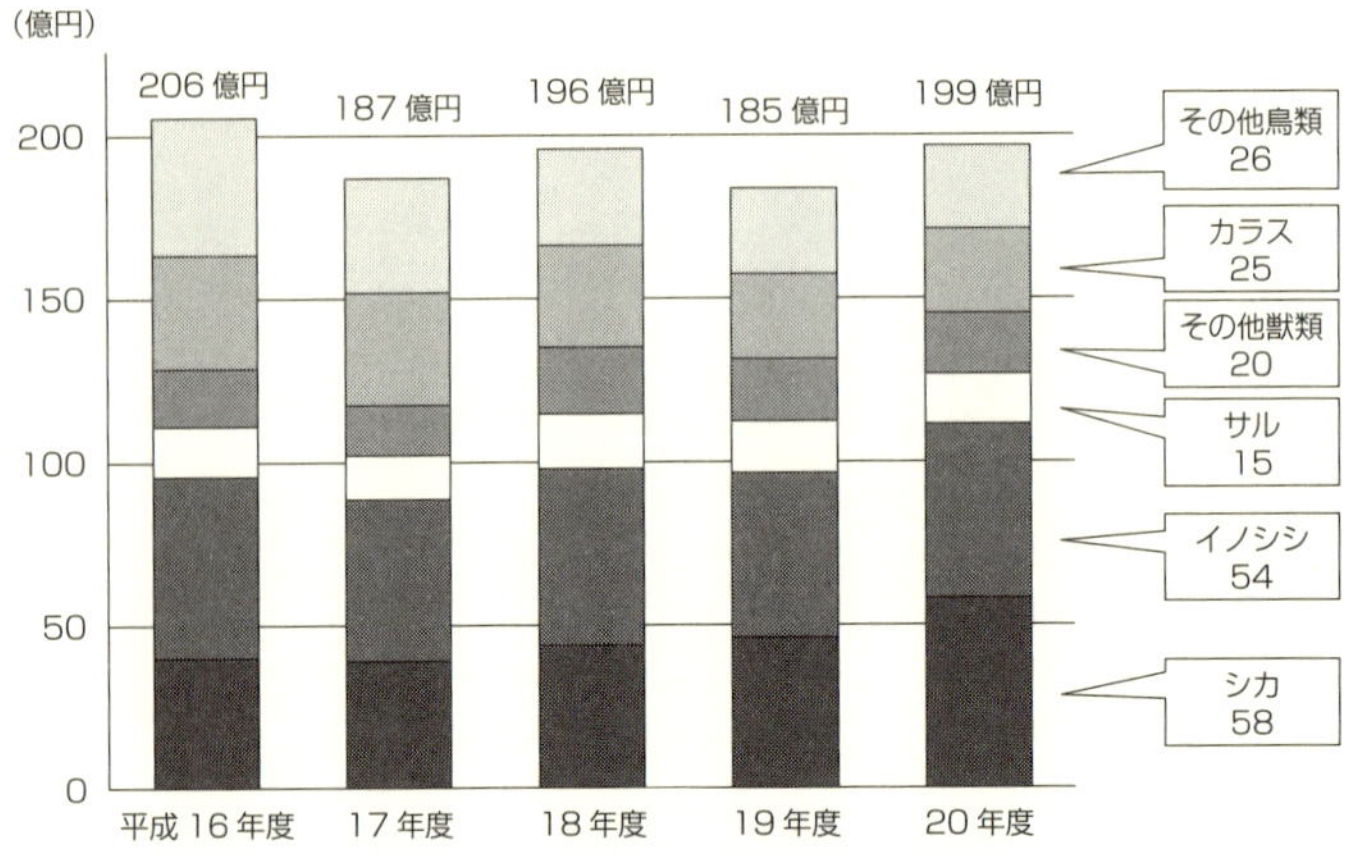

図 32　野生鳥獣による農作物被害金額の推移

出典：農林水産省資料
注 1）都道府県からの報告による。注 2）ラウンドの関係で合計が一致しない場合がある。

つて熟した柿を争ってもぎ、あるいは家族でつるし柿を作った時代の面影はない。柿はたわわに実ったそのままに取る人もなく、遠くから見ればまるで満開の花の木のようだ。庭先に実る柿は、人けの少ない農家の白壁に映えて、悲しいまでに赤い。いちじくも栗も、ぐみや野いちごの実も、里に出れば容易に手に入ることを、動物たちは知った。

こうなると手がつけられない。彼らは悠然と里に現れるようになり、作物を荒らす。動物別の被害状況は図32の通りである。

このような悩みは、当初中国山地や北海道だけのことかと思われたが、全国どこでも当たり前の状況となっていた。山村だけでなく、平野部の農村でも山が近ければ至るところ鳥獣害が見られるようになった。全国の農村では、大きな被害を受け、保護と駆除あるいは管理などをめぐって種々の議論が交わされている。最終的には、今世界で概念化されてきた動物の権利、植物の権利すなわち「自然の権利」と「人間の権利」の対立・調整の問題に帰着してくる。

動物と人間をめぐる課題は多様である。これらについて、まだ総合的で適切な解は出ていない。まして農業者の生活に関わる鳥獣害の問題については、早急に基本的な視点を確立しなければならない。人間と動物の関係について、今根本的な理念、新たな自然観、動物観の確立が要請されているのである。

2　動物の権利、人間の権利

これまで見てきたように、工業にせよ、農業にせよ、人間活動のもたらす自然への負荷の増大により、動植物は減少し、絶滅し、あるいは絶滅に瀕している種が少なくない。地球の温暖化等開発と環境の変化は急速で、人間の増加と人間活動による、動植物の受難の時は続いている。「人は砂漠の建設者か?」といった問題提起もある。そこで、人間に生きる権利があるものなら、自然にも、つまり動物にも植物にも権利があるとの主張が生まれた。人間と自然にかかわるこの根本問題について、私たちはどう考えるべきか。もはや環境問題、自然生態系に関わる問題の存在を否定する者はいない。それにどのような対応をするのかという点において、見解上の大きな差異が存在するのみといえよう。私の見るところ、それは大きく三つの見解に分かれる。

「発展」と人間中心の立場

第一は、従来の経済成長重視の延長上で、環境問題の解決は可能との考え方で、成長主義、開発主義の立場である。第1章の図8に示したように、クズネッツ曲線が意味するものは、国民一人あたりの年間GDP（国内総生産）の増大と環境改善は、ある段階を超えると両立し、好ましい相関関係となる。従って経済成長が必要であり、ひいては成長の牽引車としての国際貿易の拡大と、そのための貿易自由化推進が必要である、との立場を強調しようとしたものである。

また、かつて『成長の限界』（一九七〇年）で環境問題を提起したメドウズやランダースらは、きびすを返すように、一九九二年に『限界を超えて』（Beyond The Limits）を公表、経済成長は未だ限界に達してはいないとした。そこでは環境問題を無視しているわけではない。しかしこれらの立場は、環境問題は新たな成長の下で解決しうる、あるいはなお開発、成長の余力があるとして、経済成長の継続を積極的に容認する楽観的立場に立っているといえよう。

これらは、従来の成長主義、開発主義の若干の修正である。環境問題は後がないと考え、地球温暖化防止の京都会議が開かれ、二〇〇五年初めようやく発効した。しかし限界も多いこの議定書でさえ、最大のCO_2排出国アメリカは「国益に反する」として、永らく批准を拒否していたが、オバマ政権になって環境問題にも真剣になってきた。

ディープ・エコロジーの立場

第二に、前者とは対極的で、「生物圏」を唯一の真正な権利の主体と見なすディープ・エコロジーの立場である。この立場は、極言すれば「自然界は人間を一切考慮することなく、それ自体として存在に値するという考え」に立つ。そして人間中心主義たとえば当初近代科学および近代経済の導きの思想としてのデカルト哲学と、功利主義ないし成長主義を根本的に批判する。デカルト哲学は自然を人間から切り離して対象化し、かつ人間の下位に置く。動物は機械に見立てられ、単に人間によって利用され征服される存在となる。功利主義ないし成長主義は、自然の最も経済的効率的利用と人間の幸福増大を目指す。この視点に、ディープ・エコロジーはほとんど嫌悪にも似た感情を抱き、人間も「自然の断片」とし、「動物の権利」「植物の権利」を、人間の権利と同等の価値と重要さをもって主張する。

ここでは徹底した科学批判、開発批判が中心となる。「生物圏の権利」ないしは「動植物の権利」をどこまで拡張するかで、人間の存在そのものが問題となる。こうした立場を極論すると「地球のためには人間が滅びることが最善」だが、せめて適正人口は現在の生活レベルからいえば、せいぜい一億人（アーヌ・ネエス）あるいは五億人（ジェームス・ラヴロック）が生存可能といった仮説にたどり着き、結局人類大量死のプログラムを描くことになる。ただアーヌ・ネエスは、人類は賢明なので二〇八四年には、この重い課題を克服し「緑の社会」というユートピア構想（Green Society または Green Utopia）を実現するとの楽観主義へと転じていく（文献31、32、33、37）。

以上二つの立場の間に登場するのが、第三の、デカルト的自然観とディープ・エコロジー的自然観の間にある種々の調整的、調和的自然観である。

第三の立場――農業・農学

上記両極の二つの立場の対立は、〝人間中心主義と環境中心主義の矛盾〟と整理されよう。人類が一九九九年七月に六〇億人に達し、さらに九〇億人へと増加する可能性の中で、前記のような極端な環境中心主義は、とうてい非現実的で取ろうとしても取りえない道である。また他方で、人間中心主義の限界も明らかである。現実には私たちは、人間中心主義と環境中心主義の中間に接点を求め、最大可能な技術的かつ倫理的努力を急ぐしかあるまい。

農業・農学の立場から考えたとき、ディープ・エコロジーの思想は大きな問題が残る。いかに自然の権利を認め、地球環境問題の完全に近い解決、人間と自然の共生の完全な実現が望ましいとしても、そこではおそらく、将来の九〇億人はおろか、六八億人という現人口の生存保障さえ難しいであろう。現在の生活レベルを前提として、人間と自然の完全な共生が可能になるのは、人口規模一億から五億といった想定がなされている。しかし農学は、人類の大量死を前提にして、技術と経営の論理を構築するわけにはいかない。にもかかわらずディープ・エコロジーの思想は、地球環境と人間・生物の生存という別の側面から、動物の福祉にとどまらず、「害獣の価値」という逆説的な用語をもって、農学に対しその存在理由を根底的に問いかけるものを持っている。

害獣とは、人に危害を加え、農業生産空間に侵入し、作物を荒らし、したがって農業経営の確立、さらには人類の食料の獲得に大きな障害をもたらす動物のことである。また雑草や病害虫もそうである。農薬の使用を減ずることを農業の最大課題とし、害となる動植物の侵入を多少容認したとしても、上記の根本的な問題は解決しがたい。これらの問題について解を出すことなしに、農業の基盤は確立されない。私たちはこの問題をどう考えるべきなのか。

私は現場で、日々切迫した鳥獣害に悩む多くの地域の事例を見て、生物生産に関わる人間と自然の問題について、心底より考えさせられる。「人間と自然の共生」という言葉が、今や人々の口にのぼらぬ日はない。しかしこのような現実問題に直面したとき、それは安易なむなしい言葉の遊戯に感じられる。私たちはこうして、人間と自然の関係について、本質的な考察を迫られる。

後述するように、これまで生物学の世界で研究対象とされてきたのは、この野生動物たちどうしの相互関係、彼らのせめぎあい、共生や進化の世界であった。これに加えて、今必要とされるようになったのは、人間と動植物の間の関係である。とりわけ、農業・農学の側からする、「害獣」をめぐる思想的接近ではないかと思う。

そこで私たちは、まず鳥獣害の実態についていくつかの事例を見た上で、現時点における人間と自然の関係について考えてみたい。

3　鳥獣と人間のせめぎあい——三つの事例

動植物と人間の三つの関係

農業における人間と自然特に動植物との関係は、きわめて複雑である。私なりに分類すると、次の三つの関係がある。ここでは動物だけでなく、植物も含めて述べておこう。第一に、人間の育成利用の対象とし、相互依存的共生関係を結ぶ家畜や作物、第二に、人間の農業生産空間や生活空間を侵害するためせめぎあいとなり、相互排除的競争関係となる害獣や雑草、第三に、益とも害ともならず併存している、棲み分け的共存関係となる野生（一般）動植物、の三つである。

今ここでは、農林業経営や日常生活に支障を及ぼす、第二の相互排除的競争関係となる動植物、即ち害獣と雑草のことが問題となる。サル、イノシシ、シカ、クマなどの鳥獣害、さらには病虫害は、生産物にしばしば壊滅的な打撃を与えて人間の生存を危機に陥れ、また商品経済社会となってからは、商品としては販売不可能となる害を与え生活を脅かす。そうした事例を三つほど挙げておこう。

事例1――中国山地における農業の理想と現実

中国地方中山間地域瑞穂町での、農家の鳥獣害との闘いの例を紹介する。農業者有井晴之は一九二七年に生まれ、三〇歳代の半ば（一九六五年頃）農業改良普及員の職を辞し、日本経済の高度成長の下での中山間農業の革新モデルを自ら示すべく、当時の五〇〇万円農業を目指した。今なら二〇〇〇～三〇〇〇万円の所得である。

図33のように、稲作一・一ヘクタール、飼料自給度の高い肥育牛五～六頭、椎茸一万本、栗二ヘクタール、林業二五ヘクタールの五部門を組み合わせ、やがて長男夫婦を含む四人の労働力で行う計画であった。計画は順調に進み、その様子を見た長男も、結婚後同居し農業を志した。

ところが計画がほぼ完成した一九七五年頃、クマ、サル、イノシシの害が顕著になった。それらの動物が栗園に出没、クマは木に登って枝を折り、園を荒らされた上に、現場での作業に身の危険

写真2　深い山を背にした有井の集落　（1998年撮影）

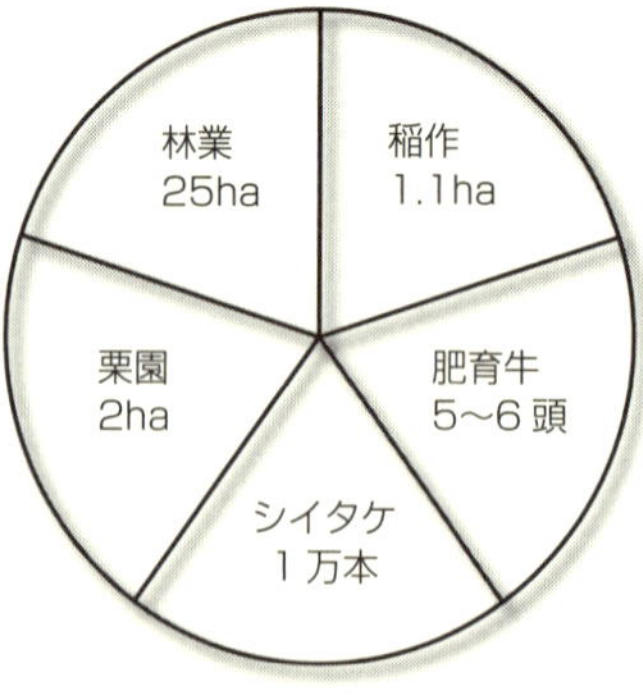

図33　有井の目指した中山間農業経営

1965年計画、10年がかりで達成

も伴った。だがクマは保護獣に指定されており殺害できない。またイノシシやサルが出て収穫前の水田や畑を荒らし、栽培中の椎茸を食い散らし、人間特に老婦を襲い持ち物を奪うなどの状況になった。

それは瑞穂町三〜四集落に及んだ。サルは三〇頭程度の間は山間を移動し、農業空間を荒らすことはなかったが、一九七五〜八五年の間、最大一四〇頭、二グループにも達した。こうした中で、長男はあきらめて農外に所得を求めた。有井は無念を抑えきれず、猟師となり、批判も承知でイノシシとサルを撃った。やがて町当局もことの重大さを認識し、銃殺と檻による捕獲について一頭三万円の補助金を出すことにした。ようやく被害も沈静化し、現在一定の均衡が保たれている。

事例2――跳梁するエゾシカの群れ

全国的にシカの害に悩む地域が多い。北海道津別町の例をあげれば、エゾシカの群によって農業経営が困難に直面している。シカ柵が完成へと急がれていた一九九八年に、津別町は人口七二〇〇人、世帯数二七五一戸、農家数約三〇〇戸である。町の農業は、本州農業に比べ一〇倍以上の経営規模を持つ大型農家が多い。町全体で乳用牛二二〇〇頭、肥育牛三六四〇頭などの畜産と、麦、ビート（砂糖大根）、野菜類の生産を行う。一九七五年頃からエゾシカが頻繁に田畑を荒らし、農作物の食害が目立つようになった。農家は苗を植えた後、昼も夜も目が離せない状況になった。

その後農家は案山子（かかし）、爆竹の音、漁網や電気柵の設置などシカの侵入を防ぐあらゆる対策をとった。石鹸の匂いを嫌がるとあって、畑の周りにつるしたこともある。しかしシカは学習効果によって、次々と障害をクリアーしていく。電気柵は雑草の成長による放電で問題があり、いよいよ本格的なシカ柵の設置の方向をとった。コストを問題にしている場合ではなかった。補助

写真3　エゾシカの群れ

出典：北海道庁資料より。

写真4　延々と続くシカ柵（2001年8月撮影）

図34　津別町のシカ柵

金ももらうことになった。

シカは阿寒湖周辺の森林に、約一二万頭が生息しているとされ、それが農業空間に侵入、津別町だけで二〜三億円の被害が発生するようになった。図34のように、町は事態を重視し、シカとの共存をはかるためシカ柵を張り巡らすことにした。およそ三〇キロメートル四方の町域に、高さ二一〇センチメートルの頑丈な柵が、延べ三三〇キロメートルにわたって設置された。農地と住空間が

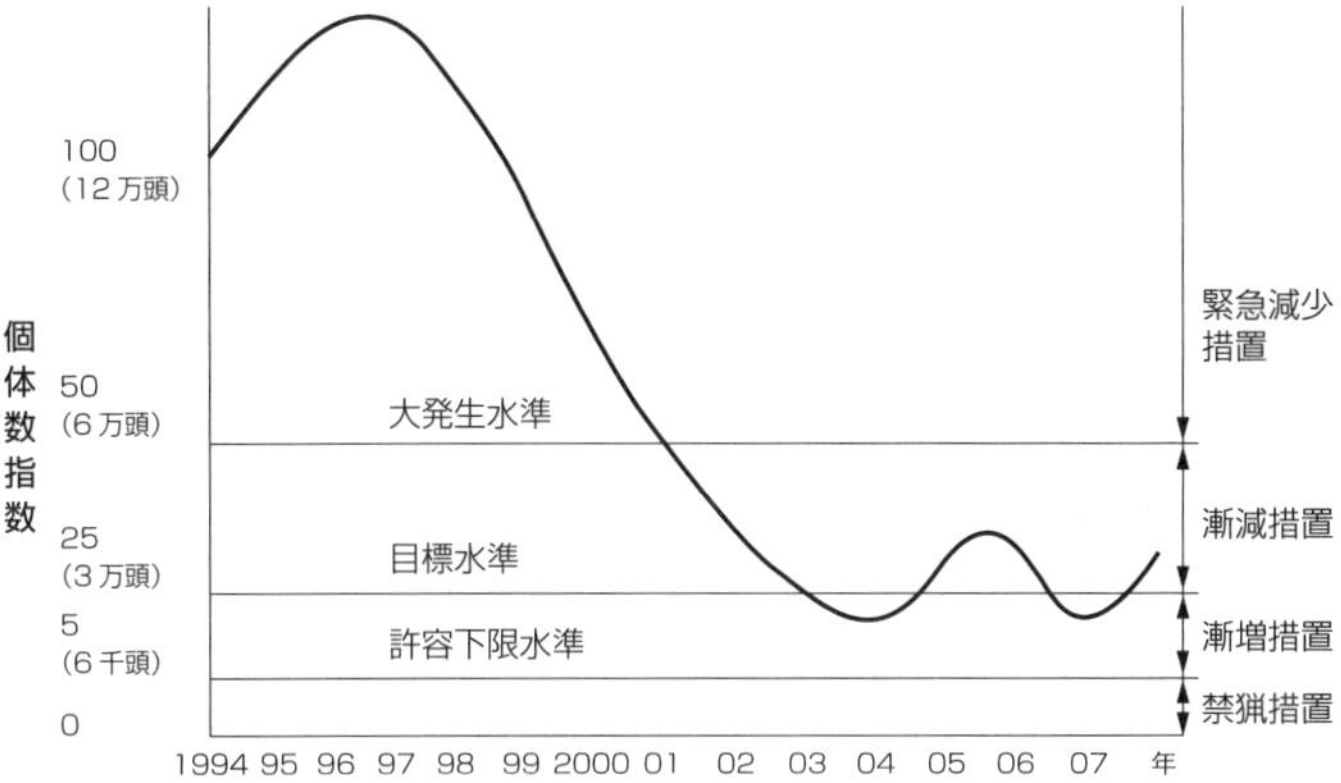

図35　エゾシカの個体数管理の概念図

出典：北海道環境生活部『道東エゾシカ保護管理計画』（1998年）

高い柵ですっぽりと囲まれている。

延々と蛇行して張り巡らされたシカ柵は、あたかも外敵の侵入を防ぎ、自らの生活・生産空間を守るための、現代の万里の長城である。シカ柵によってともかく当面の人間とシカとの共存関係が保たれることになった。柵による形成均衡の世界の出現ともいえよう。

事例3――網走支庁のシカ頭数管理

しかしすべての町村が津別町の方式を取っているわけではない。柵の中はよいとしても、森の中でもシカは木の皮を食べ、枯らすという森林被害が残る。網走郡全体として、シカ害の増大を防ぐため、結局は、毎年数万頭の捕獲が必要とされる。

図35は、郡支庁が模索・設定した、人間とシカの共存可能な均衡点を示したものである。阿寒湖周辺

に生息するおよそ一二万頭のエゾシカと人間が共存するには、シカ柵を設けない場合、一二万頭をおよそ三万頭程度に抑え、管理する必要があるとされる。それによって、シカは山中にとどまり畑を荒らさず、被害は最小限に抑えられる。また農業保全とは異なるが、二〇〇七年一二月二日の日経新聞によれば、知床半島のシカが約六〇〇〇頭に増え、植物分布に過大の変化が現れており、生態系保持の観点から、約三〇〇〇頭にまで半減させるとの方向が出されている。

津別町に隣接する足寄町《あしょろちょう》では、五年前から捕獲したシカの解体処理加工施設を作り、シカ肉販売を手掛けている。しかしもともと日本にはシカ肉を食べる習慣が一般的でなく、奈良の春日大社のように、シカは神の使いと考えられてもきた。加工の方法や販売先の開拓が課題だ。ドイツのようにシカ肉を高級品と見る国もあり、国際的戦略が必要になる。

人間と動物の間には、このようなぎりぎりの生存競争あるいは均衡点の模索とでもいうべき日常的事実が、山間部ではもちろん平場農業地域を含む農村地域で、今全国的に繰り広げられているのである。こうした事例を念頭に置きつつ、これまで人間が自然をどのように捉えてきたかを見た上で、私の結論を述べたいと思う。

4　形成均衡の場所へ——二つの自然像を超えて

ダーウィンの自然像

これまで生物的自然の研究は、人間の介在しない生物と生物の関係に力点が置かれてきた。人間と生物の関係を、生物の創造的保全・利用という観点から研究してきたのは、メンデル以来の農学である。人間も生物の一種であると見なす先のディープ・エコロジーの見地からは、人間と生物との関係は生物と生物との関係と同じレベルで立ち現れてくる。この点ではダーウィンの場合も、人間も生物の一員とするにとどめている。

さしあたり生物と生物の関係について、これまでどのような観点があるのかについて、私はダーウィンと今西錦司の対照的な議論を足掛かりにして、検討してみたい（文献34）。

ダーウィン（一八〇九〜一八八二）は、二二歳の時、探検船軍艦ビーグル号に博物学者として乗船、世界一周によって生物の変異と分布に興味を持ち、その後『種の起源』（一八五九年）を書いた。その中で、生物社会は自然淘汰（自然選択）によって変異を遂げていく、とする進化論を主張

写真５　C. ダーウィン

出典：『人間の由来』ダーウィン、石田周三・岡邦雄訳、白揚社、1938年。

写真６　今西錦司

提供：福井勝義撮影

した。自然界は激しい生存競争の世界であり、これに打ち克って存続していくのは、最も有利な変異を持つ個体である。こうした変異の淘汰の過程を経て種の変化が起こる。つまり生存競争が変異の選抜者となり、その結果として適者生存の原理が働き、生物は適応的形態へと変化していく、というものである。ド・フリースの突然変異説とダーウィンの自然淘汰説は、長い間進化の基礎原理としてほぼ承認されてきた。

今西錦司の自然像

しかし今西錦司はこのダーウィンの思想に、正面から異論を唱える（文献35）。今西は、生物的自然界は決して単なる弱肉強食の生存競争の世界ではなく、それぞれ種社会を形成し、同位社会という全体社会の中で相補い、棲み分けながら共存しているというのである。この理論は、河川におけるカゲロウについて、水の流れの速い場所と遅い場所に、それぞれ異なったカゲロウが棲み分けている事実から構想された。

生物種は、空間的棲み分け、時間的棲み分け、季節的棲み分けなど、自然界の種々の差異を前提に共存・共生しているというのである。この場合、同一種の個体間の縄張り（テリトリー）と棲み分けとは、区別されなければならない。ここには、ダーウィンの生存競争・淘汰の原理に対し、棲み分け・共存の原理という全く異なる自然像が述べられている。今西の自然観、生物論には異論もある。しかしその理論は、先のカゲロウの研究に裏打ちされており、生物社会を見る重要な一つの視点を提供していると考える。

さて人間と自然の関係、ここではとりわけ現実の害獣問題を考えるに際して、この両者の理論はどのような意味をもつのか（文献36）。

本来超長期を扱う進化思想が、わずか一〇〇年や二〇〇年の社会現象を論ずるのには適用不可能のはずであるが、ダーウィンや今西の理論は、単に生物社会を説明する理論としてだけでなく、人間社会とその歴史的理解に大きな影響を与えた。ダーウィンの理論は自由競争を標榜する近代社会の形成・展開に理念的基礎を与えた。しかもダーウィンの生存競争や適者生存の考え方そのものが、一九世紀的な思想界の状況を反映するものであった。ダーウィンはこの生存競争と自然淘汰の理論を、マルサスの『人口論』にヒントを得て発想したと言っている。マルサスは、食料生産という人為的世界に踏み込んで、人口と食料生産のギャップについて論じており、人間を除く生物的自然界をすでに去った議論なのである。

また今西の議論は、国際化する世界経済社会の中で、相互に平和共存していこうとする二〇世紀的な思想状況を反映していると言えるのである。今西は、進化はそもそも「繰り返し」（すなわち自然の斉一性）がなく、科学の力を超えているとし、またそれぞれの自然像や世界観をもって生物界を論じてよい、との考えを述べている。私自身もこの見地から、現代における自然観形成のために、今西とダーウィンを足掛かりにしようと思う。

思想を背負う人間

これまでいくつかあげた農業生産の現場に見られる人間の生活・生産に及ぼす動物の害、人間と動物のせめぎあいの事実は、結論から言えば、ダーウィンの競争・淘汰の原理によっても、今西の棲み分け・共存の原理によっても十分説明することができない。人間と自然との関係については新たな理論設定が必要と考える。

農家は、害獣の農業生産空間への侵入とその阻止とをめぐって、競争と共存の交錯する境域において、一方で自らの当面の生存を考え、他方で人間社会の伝統的文化の上に立つ自然観、農業観といったものを背負い、新たに生じつつある自然への思いを抱えつつ、まさしく「生の苦闘」を、日常的に繰り広げているのである。

害獣の増加と侵入、その銃や農薬による排除と追い返しの過程を見れば、それは日々なる生存競争・淘汰の現象あるいは弱肉強食の世界とも見うる。

他方、①人が、ディープ・エコロジストほどでないにしても、自然を大切に考え、農業空間さえ守れれば、動物に最大限の生の空間を与えようとする理念的なものを形成しつつあること、②そして実際に動物たちを農業空間の外に何とかとどめる方法の案出、津別町のシカ柵の設置などによって、人間が動物との間に最大可能な妥協点、最適な均衡点を見出そうと苦吟していることを思うとき、生存競争・淘汰の世界を超えて、棲み分け・共存の可能性を模索していると考えられる。人は、反省し構想する思想的存在なのである。

また地域による違いはあるが、特にサルは人間に近く、殺しにくいという畏れがある。北海道の畜産農家が、庭先に「畜魂」という石碑を建て、家畜の魂に祈り、家畜を大切にしているのを私は見た。北陸地域では二〇〇四年クマの出没が多く、たくさんの頭数を殺害したが、石川県小松市では、クマやイノシシのために有害鳥獣供養式を行い、自然との共生、被害の減少を祈った。そこにあるのは、自然、動物に対し思想を背負う人間の姿である。

動態と静態の統合

私の考えでは、現在の農業生産における人間と害獣の間にある関係は、競争原理でもなく、棲み分け原理でもなく、両者をアウフヘーベンした境域においてのみ、説明できるのである。その関係は、動態的には、人間の自然観や動物観をベースに生まれた一定の理念の下での競争関係であり、状況の変化によって絶えずせめぎ合いの生存競争が繰り返され、その接点は移動する。しかし静態的には、ある段階では、やや中長期のあるいは一瞬の均衡状況が成立しており、その時点での棲み分けの事実が浮かび上がる。過疎化する前の村が、にぎわいと活力を持っていた頃には、若者も居り、多少の害はあっても、一定の均衡があり、人間と動物との棲み分け現象があったといってよい。

こうしてみると、ダーウィンの理論は、主として生物的自然の長期の動態的過程を見たものであり、今西の理論は主としてそのやや短期の静態的構造を見たものと言えるのではなかろうか。いわば動態的過程と静態的構造の統合された地点に、害獣をめぐる人間と動物との、真の現実が横たわっているのではないか。

実は、今西自身も著書の一部において、生物社会はコムペティションとコオポレーションという一見矛盾した作用の中で成立し構造化している「動的均衡体系」である、とも論じているのである。他方ダーウィンも、それぞれの生物が適切な生存のために自己調節しつつ、過不足の生じないようバランス・オブ・ネーチュア（自然均衡）を保つ本質のあることを指摘している。両者はそれぞれ生物的自然の一面を前面に出して強調し理論化しつつ、同時にその反面をも指摘しているということができる。

私は、人間と害獣の間に横たわっている関係を、動態的過程と静態的構造、生存競争と棲み分け、淘汰原理と共存原理の統合のうちに現実を見ようと考える。すなわちその統合された境域を、私は「形成均衡の場所」と呼びたいと思う。

共生・競争・共存

先の瑞穂町の例からいえば、人間と動物の関係は図36のように説明できる。つまりサルやイノシシは頭数が増え勢いを増し、従来の生活空間を越え、人間の生活空間（住宅や農地）に進出、害獣化した。困り果てた人間は、銃殺や捕獲でこれを押し返した。しかし人間は倫理性・思想性の上に立つ存在であり、自然・環境問題という現代的課題解決のためにも、動物たちを必要以上に追い詰めることをせず、新たな人間と動物との均衡点を見出そうとする。

またその別な表現が、津別町におけるシカ柵や滋賀県の西浅井町のイノシシ柵の設置であり、足寄町における一定数の駆除と、その動物肉の利用である。それは人間が一定の自然観・農業観を

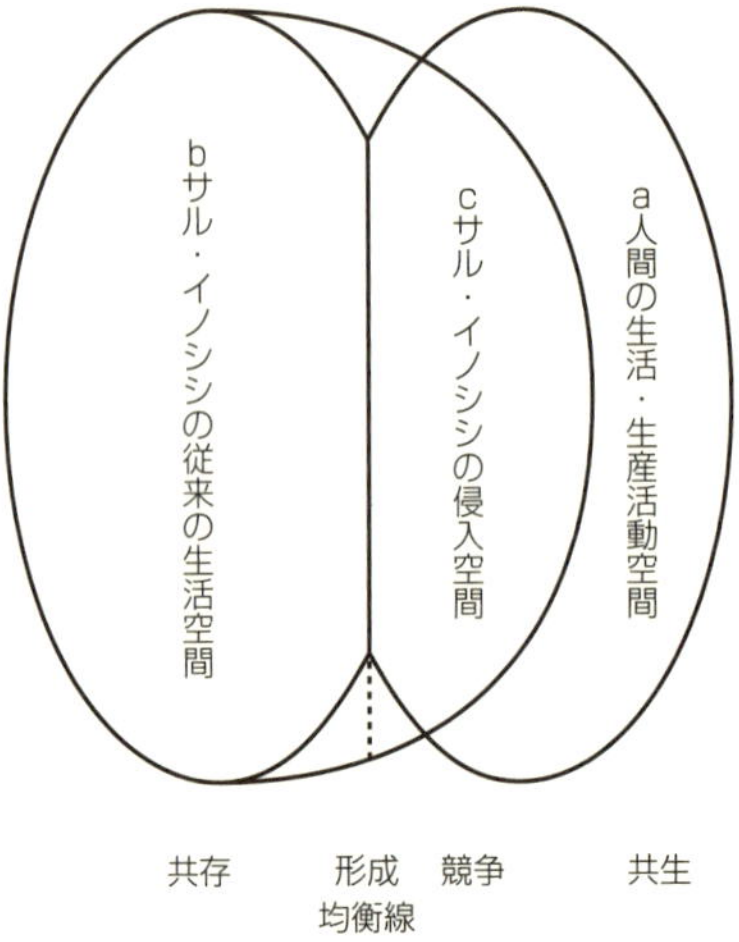

図36　形成均衡の場所

背負い、自覚的に形成した均衡点であり、苦闘の末の共存、すなわち形成均衡の世界である。

人間は自然生態系の中で、その法則のうちに生きる生物種の一員としての自然的存在である。また家族や社会を創り、その関係の中で喜怒哀楽の人生を送る、生活者としての文化的・社会的存在である。さらに生存・生活のために有用な物を創る経済的存在である。物を創るとは、工業生産や生物生産である。

したがって、人間がその日常的生活範囲となる地域という場は、一つのエコロジカルなユニットとしての生態環境の場であり、人間のさまざまな欲求を満たす生活の場であり、かつ生産の場である。また生物生産活動の対象は有機的生命体としての動植物つまり生物であり、生物はそれ自体単なる物体や機械ではなく、生き物としてトータルな存在であり、先述したように、人間と生物は相互依存関係、あるいは競争・対立といった動的関係性を持つ。

すなわち人間と家畜、作物とは相互依存的関係にあり、基本的に共生原理の上に立つ。農業生産空間を侵害する害獣・雑草とは相互排除的関係にあり、優勝劣敗のダーウィン的な競争原理の上に立つ。また農業生産にとって、農業空間外に生息する有益でも有害でもない動植物とは、今西錦司のいう棲み分け的関係にあり共存原理の上に立つ。しかし今、農村の過疎化によって、その姿が再編されようとしているのである。

形成均衡の場所へ

人間と動物の関係は、今や切迫した問題として登場している．仮に棲み分けによる共存原理の中で、人間と動植物が有益でも有害でもない平和的共存関係にあるように見えても、現代のように人間の生産・生活活動があまりにも巨大で活発なときには、より大きな地域規模、地球規模において環境悪化が進み、すべての動植物もろとも人間の生の存亡さえ問われているといってよい。すなわちこうした平和的共存関係も、大きくは人間の掌中に委ねられている。

このように考えてきたときに、人間と自然の関係に関する議論は、先の共生・競争・共存という三つの関係を同じ「場」に置き、それらを包摂しうる視点に立ってはじめて、完成するのではなかろうか。私は現代における人間と自然の関係を、人間の構想力による「形成均衡の原理」の上に立つものと考える。人口の爆発、人間活動の巨大化、それに伴う諸問題の生起した現代において、もはや人間の深い反省と自覚を背負った総合的構想力の下で、人間と自然との、その時々における最大可能な望ましい均衡点を、模索形成していくほかはない。

第7章　中小都市と農村の結合

——開放性地縁社会へ

1　都市・農村論の系譜

都市と農村の問題は古くて新しい。社会学上では、一方で人口規模と密度、居住形態、社会の異質性といった観点から、両者を二類型化して論じるソローキンやツィンマーマンらの都鄙二分法rural-urban dichotomy theory（文献38）、他方で二分法の枠組みを破り、農村的な極から都市的な極へと移る連続的な変化を想定し、各コミュニティー形態がその軸上のどこかに位置づけられるとする都市・農村連続体説rural-urban continuum theory（文献39）という二つの系譜がある。ワースの都市化urbanism理論を境に連続体説が主流となった。さらに都市と農村は、まとまりのある一つの共同体rurban communityと捉えるギャルピンなどの立場がある。（文献40）

また私の理解では、思想史上、一方では農村をしばしば都市の単なる周辺と理解し、土地、労働、資本の供給地と捉え、逆に農村側は都市を農村収奪の拠点、人間と文化の腐敗の地と考え、両者は葛藤するものとする都市・農村対立論がある。他方で都市・農村それぞれの存在理由と機能を主張し、両者は補完結合されるべきものと考える都市・農村結合論がある。

都市と農村は、その社会的、経済的、自然的状況の差異や特色によって大別されると同時に、相互に影響を与え関係を保ちながら存在している。また両者はさまざまな局面の中で対立葛藤しながら、かつ相互に補完し結合しながら存在している。すなわち各説は絶対的なものではなく、時代により、状況により、また思想的立場によりいずれかの説に偏っていくものと考えられる。私は基本的に都市・農村結合論に立つが、分化とともに統合の側面を、対立とともに協調の側面を、また事態の推移を量・質の両面として総合的に見通したときに、都市・農村の関係は正しく把握できるものと考える(文献14)。

EUでは地域政策の統一的視点について検討し、中小都市分散的なドイツの多数核分散型の地域形成へ進むことを確認し推進している。ドイツの中小都市と農村の結合という地域政策は、私も長年日本への導入を主張してきたが、それは具体的にどのような歴史と内容を持つのであろうか。

2　田園都市論の展開

E・ハワード(イギリス)、フリッチュ(ドイツ)らの田園都市論は、産業革命以後の工業化、都市化の進展の中で、ロンドンのように都市が無秩序に巨大化し、騒音や煤煙、スラムの形成が種々の問題を引き起こしていることから、その解決方策として生まれた。

マンフォードは、二〇世紀初頭に二つの偉大な発明が人類にもたらされたという。それは飛行機と田園都市である。つまり、飛行機は人間に天空を飛ぶ自由を与え、田園都市は人間が地上に降り立ったとき、かつてないもっとも人間的な居住の場を約束した、というのである（文献41）。

ハワード田園都市論の背景

ハワードの田園都市論の背景と主要な内容は、次の通りである。

一八世紀末イギリスに始まった産業革命は、社会のあり方を根本的に変えた。A・スミスにとっては、それは封建社会の束縛から個人を解き放ち、利己心に基づく経済活動と都市的自由を人間に保証する自然的自由の制度 system of natural liberty であった。

だがそれは同時に、資本の冷徹な論理に従う資本主義社会であり、資本家と労働者、都市と農村をしだいに明別し、対立させる新たな暗黒面を生み出した。ロンドンをはじめ人口は都市に集中し、都市は工場を林立させ、煤煙につつまれた。労働者は過酷な生活環境と低賃金に甘

写真７　E. ハワード

出典：Mervyn Miller, "LETCHWORTH The First Garden City" 1989, Phillimore.

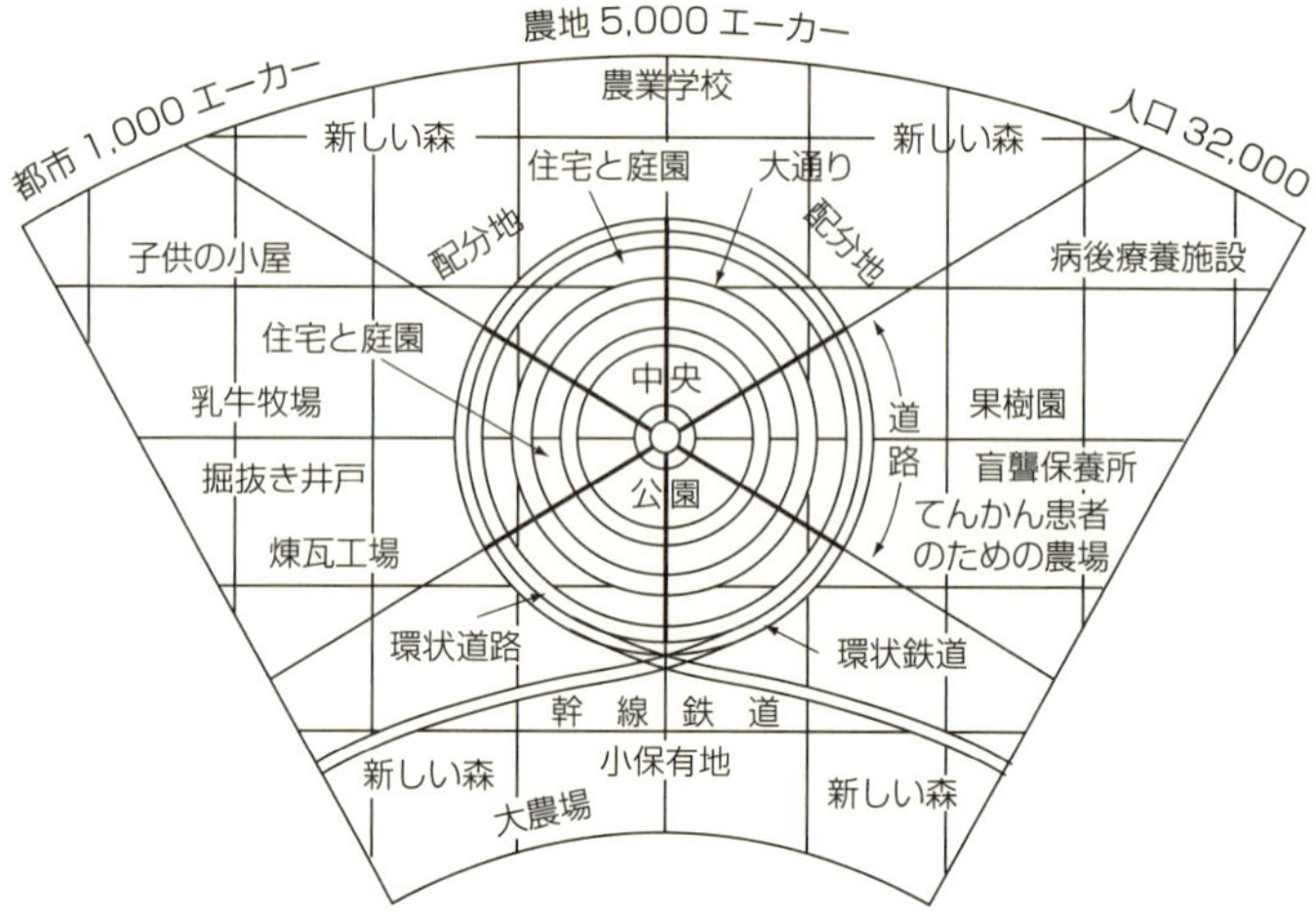

図 37　ハワードの田園都市

出典：渡辺精一『ニュータウン』日経新書、1973 年、18 頁。

んじた。都市からはやがて太陽と新鮮な空気が失われ、労働者の住居は多くスラム化していった。コレラ、チフスなどの伝染病が人々を襲い、周期的に訪れる大小の経済恐慌が、しばしば人々の生活を破壊した。

こうして経済制度のあり方と都市民の生活形態について知識階層はしだいに注目し、その改革ないし改良を訴え始めた。田園都市論は、主として都市の生活形態・生活環境の改善に重大な関心をはらったものといえよう。その際とくに、都市が自然、農業などと結合することによって再生しうる、との考え方を軸にしている。

このような例は、オーエンの協同組合方式をとった「コミュニティー」、フーリエの農業を主とし工業を従とする生活協同体「ファランジュ」、バッキンガムの独立モデル工業都市「ヴィクトリア」、カドバリの「庭園都市」などの諸構想にみられる。また、ペンハードの「ハッピー・コロニー」、リチャードソンの「健康都市」、コルビジェの「蜂窩状田園都市」、レヴァーの「ポート・サンライト」などもこの一群に入れることができよう。

およそ以上のような時代背景と思想的背景をふまえて、ハワードは田園都市論を構築したのである。

田園都市の設計

田園都市協会とハワードによって定義された田園都市とは、「健康な生活と産業のために設計された都市である。その規模は満足のいく社会生活を営むにたるもので、必要以上に大きくはなく、周辺は農村地帯で囲まれている。土地はすべて公的所有であるか、あるいはコミュニティーに委託される」というものである。そしてそこでは「きわめて精力的で活動的な都市生活のあらゆる利点と、農村のすべての美しさと楽しさが完全に融合した」市民生活が営まれる。

都市生活か農村生活かという二者択一があるのではなく、第三の選択が可能とされる。「農村に住み、しかも農業以外の仕事に従事することが、現在まったく不可能であるばかりでなく、永久にそうしなければならぬように考えられていること、……あるいはまた工業と農業をはっきりと分割する現在の産業形式が、必然的に永続するかのように考えられていることが問題である」という。

こうしてハワードは農業と工業の結婚、農村と都市の結婚を主張し、人口三万人余の田園都市を構想した。

この構想に基づき、ロンドンの過密を解消すべく郊外のレッチワースに、アンウィンなどにおいて実際に田園都市の誕生を見た。また『田園都市』は日本にも翻訳、紹介され、田園調布市の誕生など大きな影響を与え、世界的な反響を呼んだ。

ドイツの田園都市運動は、ハワードの田園都市論から影響を受けたことはまちがいないが、ハワードの『明日の田園都市』が刊行された一八九八年より二年早く、実はドイツ人自身によって同種の提案がなされていたのである。それは一八九六年のフリッチュの『未来都市』である（文献42）。彼は大都市文化を不健康の拡大とみている。大都市文化はさまざまな害悪を流し、人間を白痴化させる「文化の豚小屋」であるという。そして農村こそ国民的な活力と健康の源泉であるという。しかし都市の存在は、現代においてもはや不可欠のものとなったとして、その改革を目指す。ただ当時ドイツはイギリスを先進国と見て、国内のものを低く評価する傾向があり、注目されなかった。

シュミットの「産業生活田園都市」論

ハワードの後継者アンウィンが田園都市第一号レッチワースの建設にとりかかった五年後に、

シュミットはそれを見学し、エッセンを出発点としてルール地域の都市建設に着手した。この意味からファンシュミットは、シュミットの構想を〝産業・生活田園都市 Industrie – ,Wohn – und Gartenstadt〟と呼ぶべきだという。

シュミットの都市論は〝工場に代わって人間を〟という基本から出発している。人間はその二四時間の生活の中で「仕事をし、生活し、遊ぶという基本的欲求」（文献43）をもつ存在である、とシュミットは言明する。ルールにおける工業の発展は無秩序に、あるいはほとんど「暴力的拡大」を伴い、仕事をし、生活し、遊ぶという人間の総合的生活環境を破壊した。空気はよごれ、太陽は奪われ、緑が後退した。工場を、その経済的都合だけで立地させず、住宅地との関連を配慮しつつ立地させせなければならない。

良好な環境条件を持つ純住宅地を建設し、工業生産空間と峻別すること、都市域の四分の一は緑とレクリエーション空間として用意すべきこと、さらに市町村道路に加えて住宅道路の拡張をすべきこと、などをシュミットは強調する。

また彼は、ドイツに伝統的な都市民の〝菜園労働〟に着目する。農村地域からルール地域に集まった労働者は、かつては農村に育ち、農業に親しんできた人々であり、都市に出てもなお菜園に親しむ条件をつくることが重要であると、シュミットはみている。

図38は、シュミットの産業・生活田園都市を具体的に図式化したものである。これは今日の都市

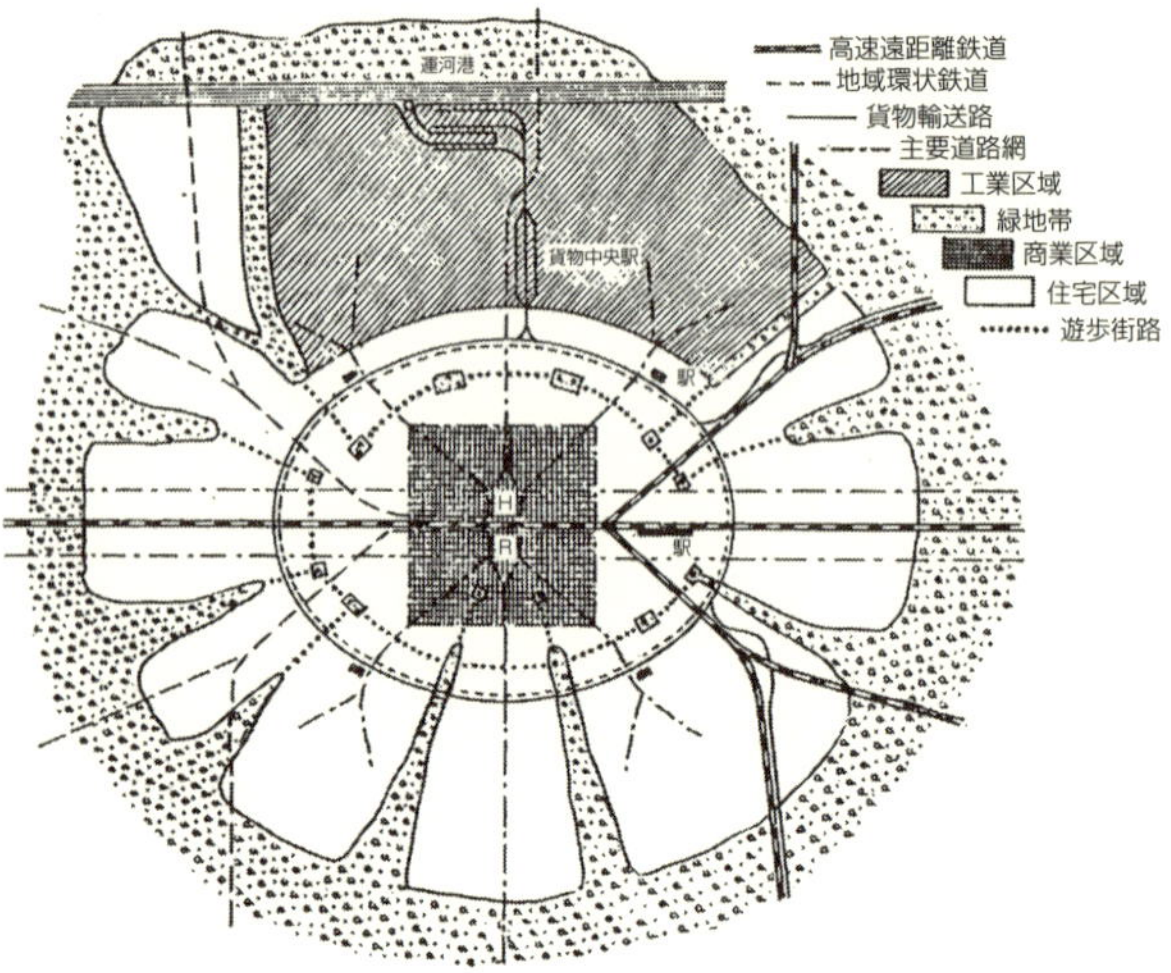

図 38　R. シュミットの産業・生活田園都市

出典：R.Schmidt; Denkschrift, 1912, S.84.

計画論からみればなお不十分な点もあるであろう。しかし、われわれは、当時すでに産業と生活そして自然の三側面から明確な視点を設定し、二四時間生活する人間が居住する都市たらしめようと意図している点に注目すべきであろう。

シュミットの計画論は、その後のドイツ国土政策、地域政策の原型となった。

3　ドイツの多数核分散型空間論の成立

クリスタラーとレプケの分散論

大都市の過密解決のための都市と農村の結合による新たな人間的住空間としての田園都市論から進んで、シュミットでは都市と都市の関係に至る萌芽がある。この第二段階の問題を、理論的に明確化したのが、クリスタラーにほかならない。図39のような、クリスタラーの正六角形状あるいは網の目状都市（中心地）配置論は、その後のドイツ空間整備政策の理論的バックグラウンドとなった。

ドイツの空間整備政策の理論の中核は、イスバリーらのクリスタラー中心地理論適用によって完成する（文献44）。クリスタラーの研究『南ドイツ

写真8　W. クリスタラー

出典：Geographische Zeitschrift, Heft 2, Juni, 1968.

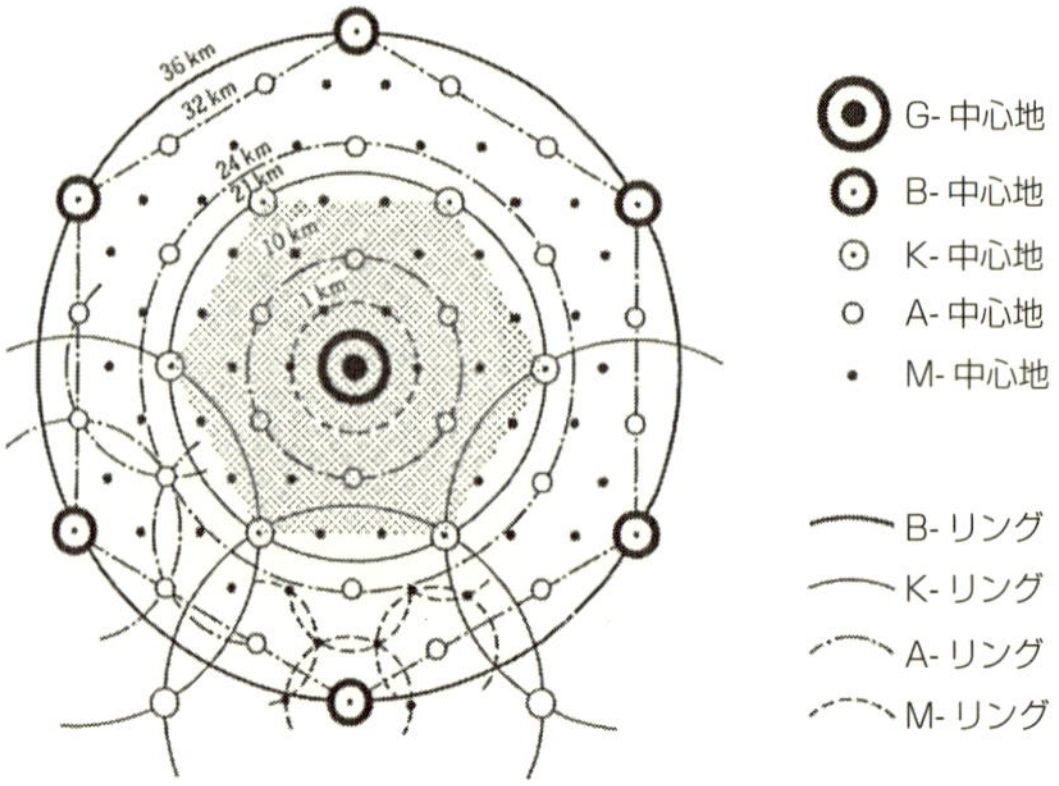

図 39　クリスタラーの中心地理論図

出典：G.Kroner, Die zentralen Orte in Wissenschaft und Raumforschungs-politik, In; Institut für Raumforschung. Informationen, 1964, Nr. 13, S. 241.

おける中心地』は、当初ドイツ国内ではあまり評価されず、アメリカで高い評価を得たが、西ドイツでは第二次大戦後の空間整備政策の成立と並行して自国内で再評価されたのである。それに手を貸したのがクローナーやイスバリーであり、とくにイスバリーの論文「中心地とサービス領域」によって、中心地論は中小都市の分散配置構想の理論として、空間整備政策の中心に据えられることになった。

レプケは戦後西ドイツの経済政策をリードしたが、彼には「真の分散」を主張する国土政策論もある（文献45）。

レプケのいう真の分散とは一言でいうならば、「大都会を犠牲にして、新しいいくつかの小規模の中心をつくること」にほかならない。「そうしてのみはじめて、新しい本当の共同体を生み出し、人間が自然的な生活をなしうる条件をつくり出すことができる」。こうした中で、権力と財力の集中、過度の組織化・専門化・分業化の弊害を阻止しうる。「あらゆる巨大な規模、あらゆる巨大な関係は人間の身の丈に合わせて、縮められねばならない」。集中と巨大化の阻止、中小都市・中小経営への分散、下から上への再統合が、レプケの目指すものである。

レプケは、社会的市場経済の理論と地域主義的地域計画論とを接合して、ビューローやディトリヒらによる戦後地域計画の確立に大きな理念的影響を与えた。彼の地域計画論は、大都市を拒否し、中小都市と周辺農村を結合する地方分散的な考え方に立っている。また国民は、菜園つきの住宅を持つ権利を有するとの主張も注目される。

その後ディトリヒは、前記のレプケやビューローの地域主義的空間整備政策の理念を基底に据えつつ、有名なＳＡＲＯ報告をまとめ、現在のドイツの空間整備政策の基礎をつくった。

ヨーロッパ二つの空間類型

以上の西ドイツ空間の構成を端的に表現すれば、図40のように〝多数核分散型空間〟といえるであろう。これに対しフランス、イギリスのばあい、そして日本も加えて、〝単一核集中型空間〟といえよう。このことは、私が西ドイツ地域計画アカデミー滞在中、所長のハウプナーがこの図を書いてくりかえし私に強調した。その背景には、自然的・歴史的・政策的要因が考えられる。

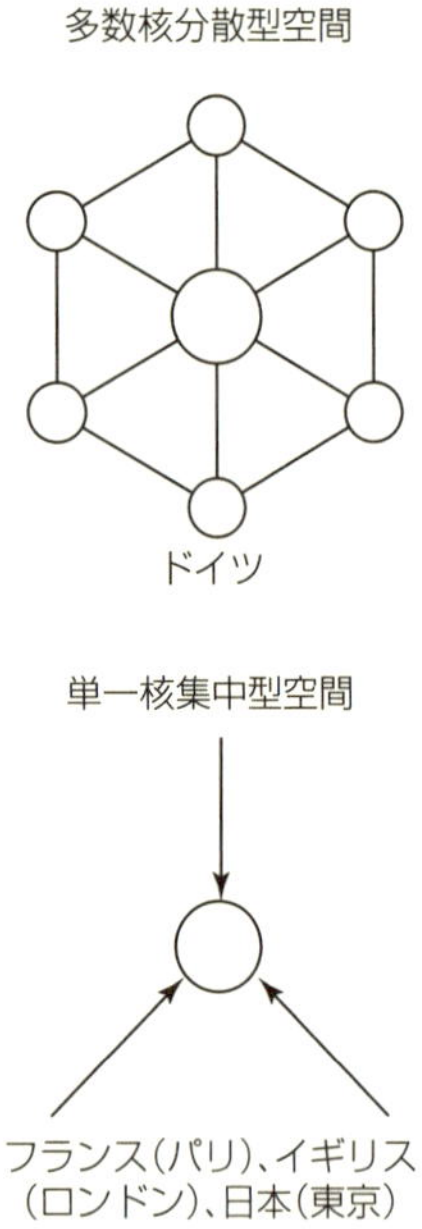

図 40　国土空間の２類型

以上のような実態から、イギリス、フランスの地域政策がパリ、ロンドンの過密状況をいかに緩和するかという、いわば後始末の消極的な「分散の原理」を基調にしている。これに対し、西ドイツでは大都市を否定する「分散の原理」に加えて、むしろ点在する中小都市をいかに育成し、かつ有機的に結合するかという、さらには次節で述べるように、中小都市と農村の結合、農業と工業の結合といった第三の段階へと進展していく、もう一歩進んだ積極的な「結合の原理」が優越しているように思う。私は西ドイツの地域主義的空間整備政策を、このような分散の原理と結合の原理の調和したもの、ないしは両者の緊張関係の上に立つものとして捉えることが必要だと考える。

4　都市・農村一体の地域振興

〝居つきの工業化〟

これまでの、農村を視野に入れつつも都市を中心にした計画論に対して、一九六〇年代の地域構造政策は、明確に都市と農村を等置し、いやむしろ農村重視と全国土的な均衡ある空間形成という視点を優先させる意味あいをもって、都市と農村の結合という第三段階の思想を明確にしたものであった。

伝統的に地方分散を志向するドイツでは、高度成長下で起こる人口・産業の大都市集中に早くから反省の声が高まり、その是正策としての空間整備対策が成立してきたのである。一九六八年の農業計画では、農業の規模拡大と効率化が必要なこと、しかしそのことが人口を農村地域から流出させることになってはならないこと、また不十分な生活基盤をもつ農業者を、安定的に農外就業させることが、構造政策の足がかりになると認識されていた。

そこには重大な指摘がある。すなわち日本では農業人口の減少は、当然農村人口の減少とイコールのことと観念され、大都市に圧迫される近傍の中小都市には不安定な雇用が多く、若者はひたすら膨張とその放任の中にある大都市へと多く流出したのである。しかし西ドイツでは農業人口の減少は必然としても、農村人口の減少は望ましくなく、その維持政策が必要だとの自覚的認識がなされている。

西ドイツのように、個別農業経営規模の拡大と農村人口の維持を同時に達成しようとすれば、農業縮小あるいは経営・作業委託を目指す零細農の前に、安定した農外就業の場を近傍の中小都市に用意しなければならないことは自明である。いわゆる西ドイツ流の「居つきの工業化」の思想、すなわち在村のままでの安定就業条件の創出という一貫した考え方である。それは都市と農村を分けて考えるのでなく、一体的に捉える思想である。

通勤可能性の追求——バーナーの農村都市論

バーナーに至って、よりはっきりと農村振興の視点からの都市・農村結合論が空間整備政策全体の中で位置づけられる形で登場する（文献46）。バーナー、ヴェーリングの示す、理論化図式化された「都市域モデル」（図41）は、とくに通勤可能性を前面に出して、都市・農村問題を捉えている。

「この都市域概念は明確に通勤可能性の観点からのものであり、往復二時間（片道一時間）以内

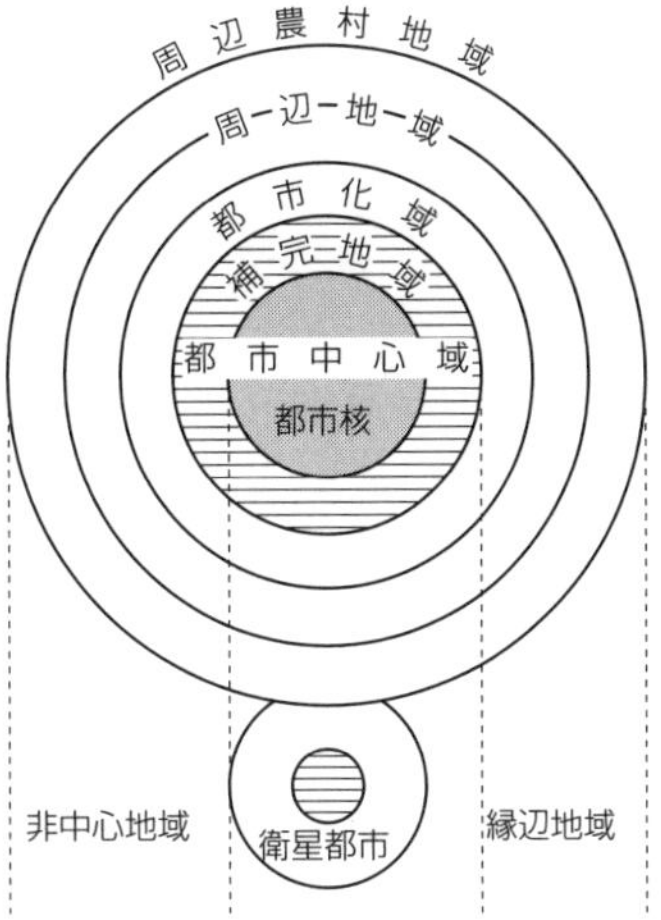

図41　通勤可能性と都市地域概念図

出典：Geographische Zeitfragen, Nr.7. 1982, S.6.

の通勤時間帯をおよその基準としている」と述べている。まさに「農村都市」ともいうべく、中小都市・農村を一体的に捉え、都市内にも農業を残し、また一定の兼業農家の存続を前提に、農家の通勤可能性に基づき概念形成されている。

　こうした考え方の前提条件を保証するのが、空間整備政策における最重要課題の一つとして、一九六八年に発足した〃地域経済構造改善〃政策にほかならない。一九七五年には労働市場圏一七八を、通勤可能性という観点から地域区分し、三一二の重点地区振興が課題とされた。

農村間格差の是正

　そしてさらに現在、農村地域の中でも平場地域と中山間地域とでは、生産条件の差があり、これは人為的なものを超えた不可抗力の条件であるから、何らかの形で財政的補填が必要であるとの考え方が、ＥＵを中心にしだいに高まり具体化してきた。これは、これまでの都市と農村、都市と都市の関係に加えて、農村地域間の条件差を認識し、格差是正を内容とする、第四段階の新たな地域計画論への思想を示すものといってよい。そこでは環境問題の重視と農業・農村の多面的機能への着目がある。

条件不利なところは、経済学的には農業撤退可能性の高い耕境周辺地域である。しかしそれを何らかの補塡によって維持・発展させようとする考え方は、新たな論理を必要とする。それが、農林業は農業生産物の供給に際し、国土保全、災害防止、貯水・浄水機能、景観など多くの外部効果を持つという、第5章で扱った農業の多元的価値論ないし多面的機能論である。条件不利地域論も、それを支える多面的機能論も、市場の失敗に対する修正原理の適用例である。

私もその価値と機能について、これまで誰からも支払われることはなかったが、「農業は多元的価値産業」であり、「農村は多機能空間」であると規定してきたので、これに対する直接所得補償（直接支払い）政策を支持するものである。

このように条件不利地域政策をはじめとする直接支払い政策の成立は、経済効率性を重視してきた市場原理中心の農業政策に対し、全く新たな視点から修正原理を持ち込んだ政策の発足として大きな意味がある。今後マイナスの外部効果をゼロへと近づけていくために、たとえば、環境を守り安全な食品を供給する環境保全型農業への転換のための助成も、具体化されている。

これまで述べたように、①大都市、工業都市の問題を解決する田園都市論、②都市と農村の有機的結合を主眼とする都市間結合ないし都市配置論、③そして都市・農村結合のための地域構造改善政策論へ、④さらには農村間の条件格差の是正や多面的機能の維持・保全を目的とする直接所得補償の思想の導入へと展開し、都市と農村の関係は密接不可分のものとして、四つの段階をたどって理論構成されてきた。

一九九〇年代にはいって、ＥＵ諸国は共通の空間整備政策の作成に取り組み実施した。その内容はドイツの地域構造改善政策の適用と拡張であった。このことはドイツ流の地域主義に基づく多数核分散型空間、中小都市と農村の結合といった理念が評価され、採用されたといってよい（文献47）。こうして都市・農村関係論は、イギリスからドイツへと展開する中で、しだいに精密化、体系化し、さらにはＥＵによってヨーロッパ全域に適用されてきている。

日独の国土政策比較

このように見てくると、日本の地域政策の課題がいくつか浮かび上がってくる（文献14）。

第一に、日本には農業構造政策は存在したが、地域構造政策はなかったに等しい。そのため、激しい大都市集中、一極集中または過疎化の二極分化が進行した。農業の規模拡大をはかろうとすれば、当然余剰労働力が析出されてくる。その労働力吸収の場を、ドイツのように近傍の中小都市振興によって用意するか、日本のように大都市に吸収するかは全く大きな違いを結果する。ドイツは地域構造政策によって中小都市に雇用の場を用意して、均衡のとれた多数核分散型の空間を形成し、かつ高度成長を遂げたのである。

第二に、日本では地域政策の欠落によって、農村地域を人間らしい生活の場として形成できず、地方は衰退し、過疎地域が広範に存在するという点である。シュミットのいうように、人間を仕事をし、生活し、遊ぶトータルな存在として捉える。また生態系を重視するビオトープの思想（農地等の中にも、野生動植物が棲息しうる空間を維持・保全しようとする考え方）も高まっている。私たちの暮らしの場は、生産の場であり、生態環境の場であり、生活の場である。すなわち経済価値、生態環境価値、生活価値の同時的、調和的実現の場である。さらに言い換えれば、経済的に豊かな村、美しく健康な村、楽しい村の形成ということになろう。そこは長い人生を送るに値する、トータルな生の場として形成されなければならない。それらを満たす基盤整備、環境創造が必要である。ここに最も重要な農村地域計画上の課題がある。このばあいにも都市と農村の結合が必要である。

第三に、日本においても多数核分散型の国土政策を進めるとして、そのあり方は当然ドイツと異なるものであろうが、そのような構想がない、またはあっても具体化の方策を持たないという点である。

第四に、以上のような構想は農水省単独で実現できるものではなく、ドイツの空間整備省のように、各省庁の縦割りの機能を超えた連携と具体化の条件を整えることが不可欠である。国土庁がなくなったことで、地方問題、過疎問題への関心が薄れていく感がある。

5　日本の都市・農村政策

地域活性化への道

図42は大都市集中、ついで東京一極集中となった日本の中央—地方関係を端的に示したものである。この間東京など大都市の膨張に比して、農村では激しく人口が流出し、過疎地域が拡大した。図43のように、高度成長下において、激しく社会減少（流入より流出が上回る）が起こった。それは、人口統計によれば六〇〜七〇％の市町村で見られた。一九八〇年以降は自然減少（出生より死亡が上回る）市町村が急増した。この一九八〇年頃までの社会減中心の段階を第一次過疎化現象、八〇年以降の自然減中心の段階を第二次過疎化現象と呼ぶことができよう。

その後しだいに人口減少だけでなく、それによって消滅する集落が目立つようになり、第三次過疎化現象が起こっている。一九七〇年（昭和四五年）の過疎地域と一九九一年（平成三年）のそれ

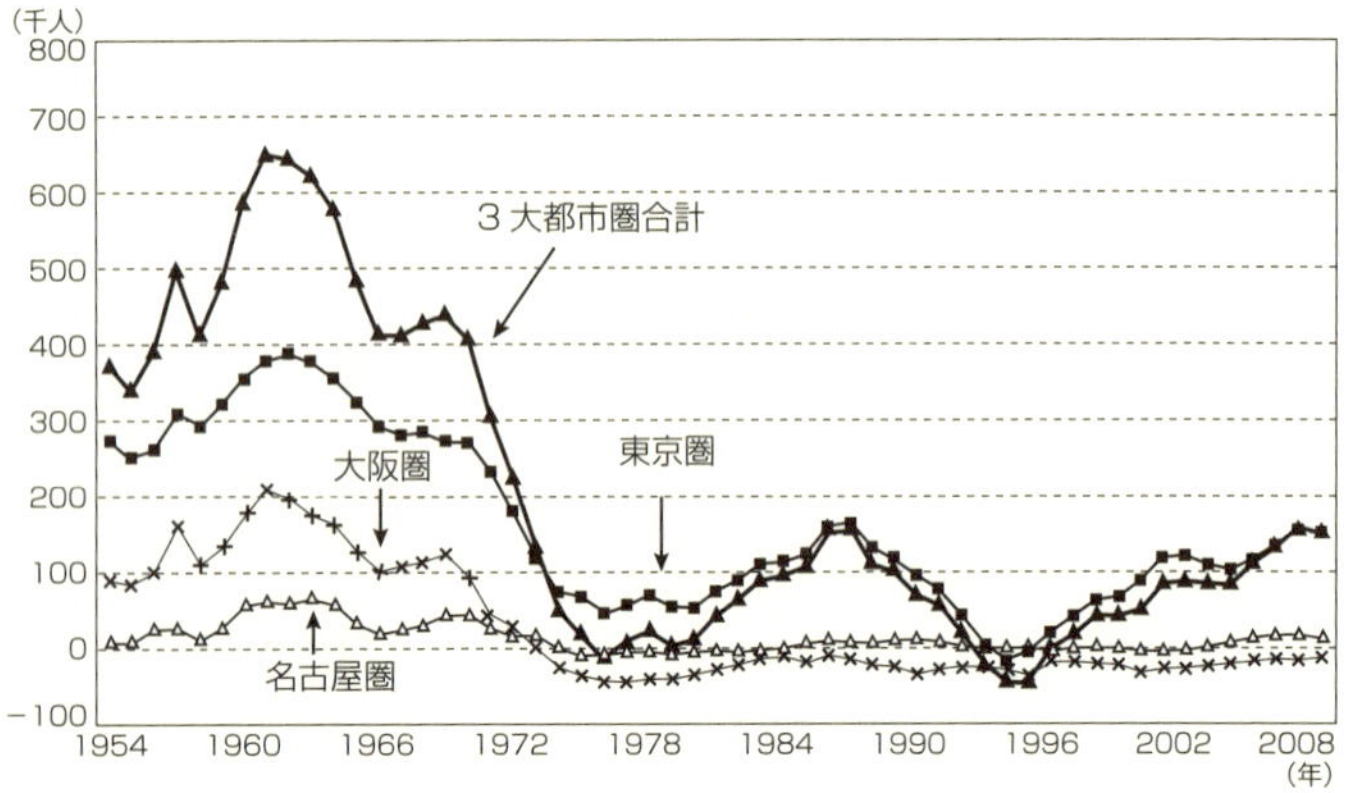

図 42　大都市圏における転入超過数の推移

出典：ニッセイ基礎研究所「経済調査レポート」No.2009-2、7 頁。
資料）総務省「住民基本台帳人口移動報告年報」

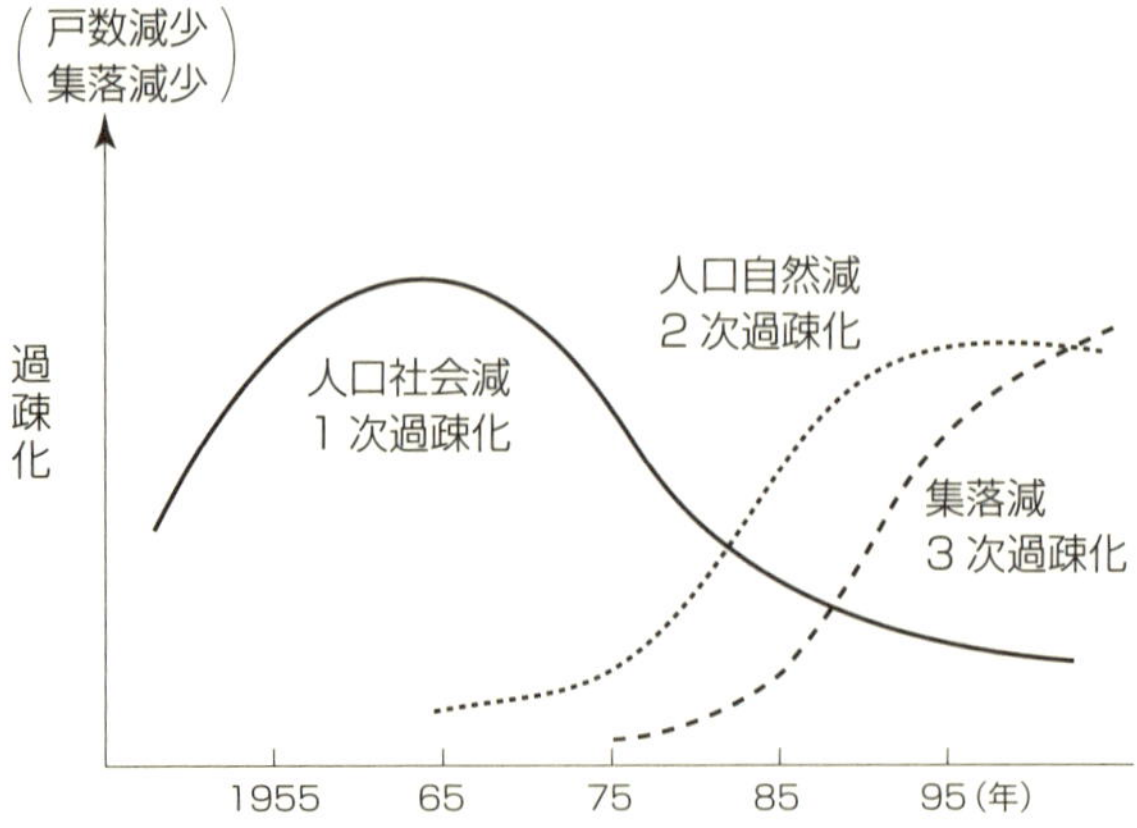

図 43　3 段階の過疎化動向

注）農村地域からの、とりわけ中山間地域からの人口・戸数減、集落減が 3 段階で起こっていることを、人口統計、集落統計等の結果から模式的に示した。

とを比較すると、町村数にして三二・三％から三七％へ、面積にして四一・五％から四七・七％へと拡大し、そこに居住する人口数は八・六％から六・五％へと減少している。これらの動向は、単に人口減少というだけでなく、とくに若者の流出、高齢化、耕作放棄や農業の衰退、さらには地域社会的機能の低下ないし衰退の過程として見ることができる。

以上の視点から日本を見たときに、日本において多数核分散型空間形成の理念がどうしても必要だということになる。この点について私はこれまで、日本の分散的社会形成の形として櫛状多数核分散型空間を構想・提示した。これによって農村民だけでなく、先に述べた大都市民の問題をも解決しうるであろう。

総合的価値の追求

現在の私たちの文明化された生活状況の中では、単に経済的な満足だけでは人は生存しえない。自然がいかに美しく、また環境に恵まれていても、それだけでは人は住むことはできない。さらに経済的に恵まれ、自然に恵まれても、人は相互のコミニケーションを持ち、社会的文化的な生活上の諸欲求を満たさせなければ、そこに住むことはできない。

かくて私は先に経済、生態環境、生活の諸価値の総合的実現を、現代農村、現代社会の主要課題としたゆえんである。このような諸欲求を最低限満たしうる「場」では、人は定住し、青年も仲間

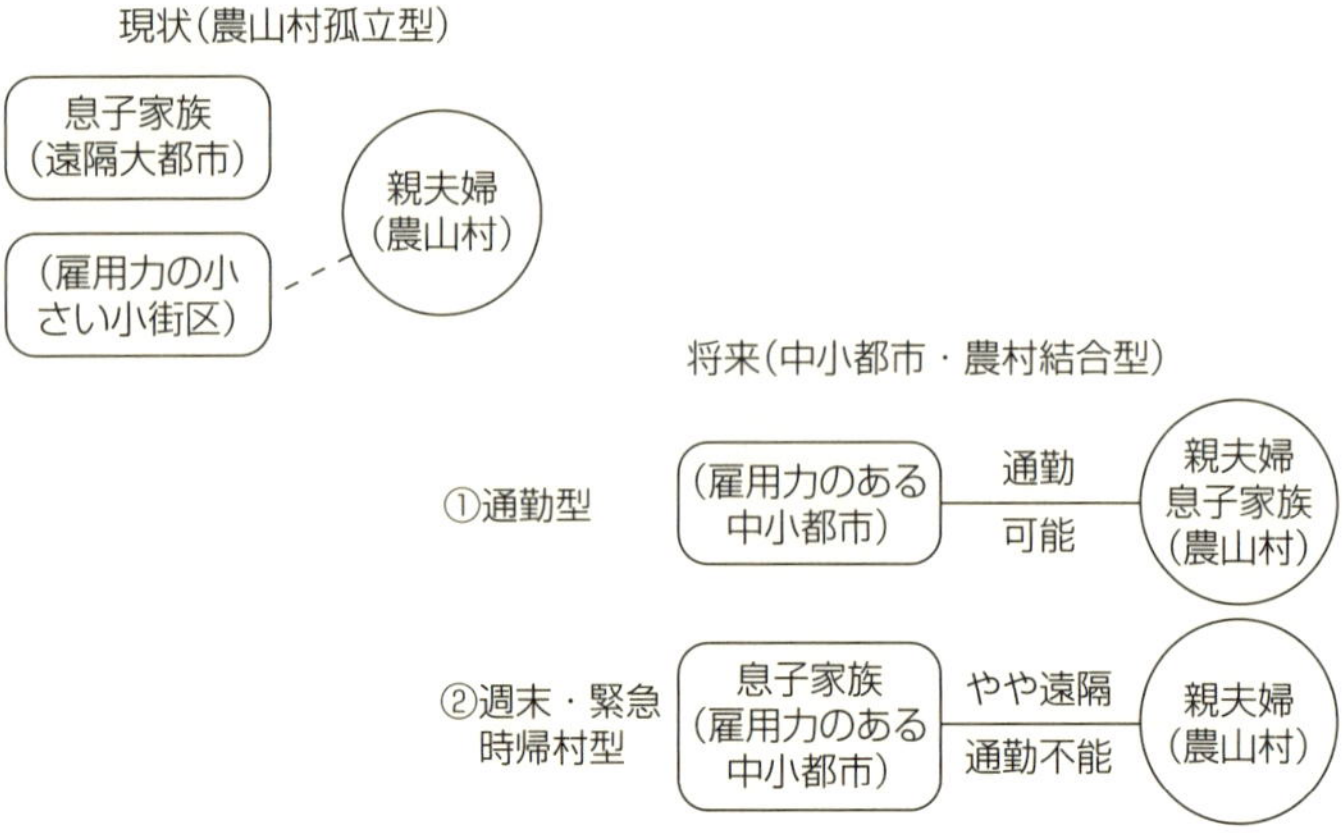

図44　都市・農村関係の現状と望ましい方向

が増え、農業もまた活性化しうるのである。欲求の多様化した現代においては、ある意味で、農業活性化によって地域が活性化しうるという面はもちろんだが、むしろ地域全体の経済的・文化的活性化によって農業の活性化が可能になる、という側面を重視していく必要があると考える。

　中山間地域と称される地域の比重約四二％に属する集落の場合、息子たちは大都市に就職し遠隔の地にいて、親夫婦は中山間地域でひっそりと暮らしている、というケースがきわめて多い。図44（左）の農山村孤立型の場合がそれである。ここでは近傍に中小都市はなく、あっても雇用のない小さな街区といった程度のものである。したがって農外就業の場は少なく、かといって農業だけで自立できる基盤もなく、やむを得ず多くが大都市へと流出していく。ここでは、まさに高齢化が進み、地域社会の機能が大幅に低下して、さまざまな問題が生起している。

これらの地域が図44（右）に示したように、①の通勤型の地域になれば、農業も含めて地域の再活性化が可能となるであろう。少なくとも当面は、②の週末・緊急時帰村型の地域となれば、問題はやや緩和されるであろう。通勤は不可能であっても、近傍に小さいながらも都市があり、通常はそこで農外就業をしているが、テレビ電話で姿が映り、週末とか緊急時にはすぐさま車で親夫婦のもとに戻ることができれば、限界はあるがなお地域社会の維持はできるであろう。こうした具体的な施策が農業施策とともに必要である。地域の農業の活性化は、もはや都市との結合、地域経済社会の底上げなくして不可能であろう。

日本における多数核分散型空間の形成

当面はともかく、二一世紀において、基本的にはどのような国土のあり方を構想すべきか。私は以前より櫛状多数核分散型空間の形成を主張している。それは、図45のように、高度成長下で衰退した流域社会経済圏を再興し、他方、集積発展を重ねた沿海部社会経済圏を再編成し、両者を結んで一定の単位たとえば三〇万人程度の、まとまった櫛型社会経済圏を構成し、結節していこうとするものである。さらにいえば、点線で示したように村と町の結合だけでなく、できる限り村と村を

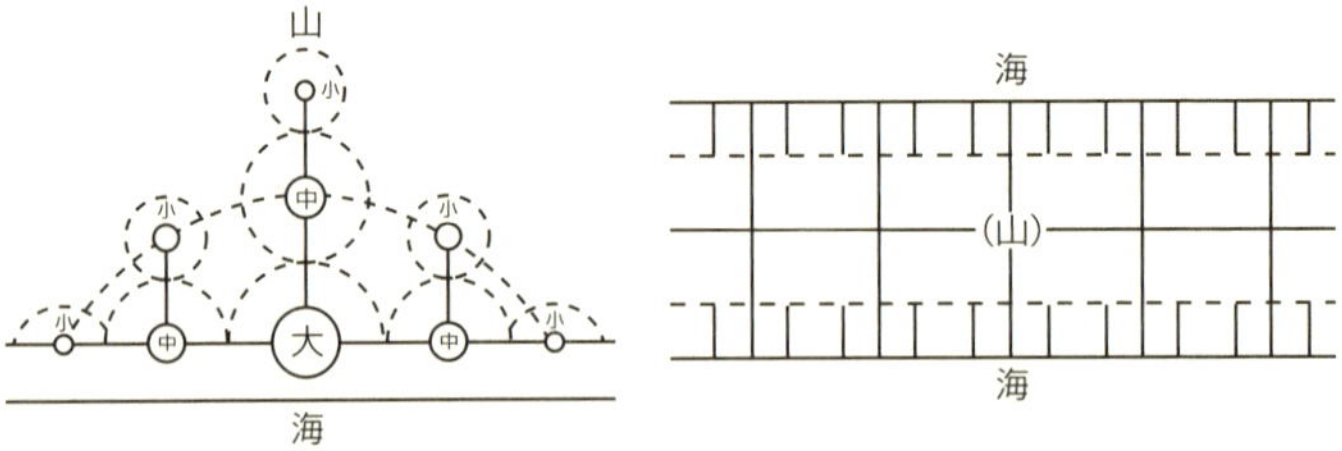

(1) 櫛型社会経済圏

㊅㊥㊍は、中心地（都市、街区）の相対的規模をあらわしたもので、㊅は、大都市でなく、地方の中心都市を意味する。

(2) 櫛状多数核分散型空間

櫛形社会経済圏が連続的に結節されたもの。

図 45　日本における多数核分散型空間の構想

結び「むらむら連合」の可能性を高めることで、村の活力も高まるであろう。この櫛型社会経済圏を日本列島全体に配置していくとき、日本的な櫛状多数核分散型空間が形成される。

本章において、都市・農村関係をめぐり理論的実態的検討を行ったが、都市・農村問題は環境問題などとともに、二一世紀の主要な問題として議論されなければならない。そして日本が高度成長下の国土政策の歪みを是正するには、おそらくその二倍の時間がかかるであろう。持続的農村の形成には都市・農村の結合が必須要件となる。それだけでなく、現代社会においては都市民にとっても、都市と農村の適切な結合なくして、人間的な生はないと考えられる。

開放性地縁社会へ

以上のような分散型国土政策が採られ、持続的地域が形成されたとして、私たちはそれぞれの生活世界をどのような内容あるものにしていくのか。それは各地域が独自の個性的な文化を盛り上げることを意味する。そして国際化の中で、そのまま世界に姿を現わす時代が来たといえるであろう。

私は中小都市と農村の結合という点を中心に述べたが、現代社会において欠かすことのできない要素の一つが、ＩＴ機器の進化による情報社会化である。私たちは小さな互いに顔の見える地域社会に住みながら、即時に国内外の隅々まで、誰とでもＩＴによる交流の関係を持てるようになった。

今後、農村社会は、血縁的、地縁的な、したがって求心力のある一定の自律性を持つ「地縁社会」であると同時に、中小都市と一体となり、またどこまでも放射状あるいは網の目状に広がり遠心力の働く「情報ネットワーク社会」としても再編成されていくであろう。その一見異質な社会構成原理を統一する「開放性地縁社会」が展望される。

こうして農村地域は、都市と同様、絶えず伝統と創造の交錯する中にあり、また再編、形成の場となる。私の考えでは、幾重にも関係が重なりあい顔の見える関係としての地縁社会の原理が基礎となり、その上に情報ネットワーク社会の新しい豊かさが加わって、質の高い地域社会へと形成展開していく必要がある。

第8章　作業教育、食農教育の思想

――菜園の力（レプケ）

いま子供たちの世界に、さまざまな問題が起こっている。いじめ、登校拒否、引きこもり、家庭内暴力、学級崩壊、高校中退、少年犯罪の激増、そして大人の側からの児童虐待、離婚の増加と子供の不幸、不況・リストラと生活問題、アトピー性皮膚炎等の健康問題である。そしてこうした中で、「生きる力」の養成が求められている。いったい子供たちの世界に何が起こっているのか。私たちの社会に何が欠けているのか。子供たちの未来はどうか。多くの疑問が浮かび上がってくる。

こうした中で地域社会の役割、地域での自然学習や農業体験などが注目されている。それは「農業の教育力」そして食育などと概念化されている。食育とは何であろうか。私自身は、農業体験や食を通じて、体を鍛え、感動や感謝そして祈りの心を養うことと考えている。ドイツの哲学者ボルノーは、現代社会全体が、しだいに感謝や信頼の念を失って、虚無の世界へと落ち込んでいるのではないか、と懸念する。農業や食を通じて、人はあるべき日常の姿に立ち戻ることができるのではないか。農業や食はとりわけ子供たちに、その重要な場を提供するのである。

1　子供たちに何が欠けているか

子供たちのＳＯＳ

子供たちはいろいろな形でＳＯＳの信号を発している。

やや低下してきているとはいえ、日本の子供たちは各学科とも知識は世界の上位に位置している。子供たちは学校のほか学習塾などに通い、よく勉強する。ところが親が無理に行かせるのか、友達が行くからなのか、本人自身の学習意欲は近年急速に低下している。他方、高校から大学への進学率は一九六〇年の一〇％、一九八〇年三七％、二〇〇九年五六％と高まっているが、少子化で進学希望者全入時代ともいわれている。しかしいわゆる偏差値の高い大学への競争は依然激烈で、それが高校、中学、小学校へと波及している。本人たちの意志とは別に、親はまず我が子が受験戦争の勝利者となることを望む。

したがって、親の方は子供に手伝いはして欲しいが、勉強を最優先させ、たいていのわがままは許してしまう。希望の高校や大学に入学できたら、それだけで「よくやった」と、他に何もできなくても、すべてを許してしまう。少子化がこれに拍車をかけている。各家庭には子供が一人か二人で、いわば坊ちゃんかお嬢ちゃんだけなのだ。どうしても甘く育ててしまうのだ。このような状況が、子供たちのトータルな人間形成を損ない、危険なＳＯＳの発信へと連動しているのではないか。

児童、生徒の暴力行為発生件数は図46のように増加し、いじめが絶えない。そして不登校の子供たちが増加している。一〇代の六～七割が携帯電話をもち、一見コミュニケーションが容易になったかのようであるが、家庭では父親不在、母親不在で、鍵っ子や孤食（一人で食べる）の子供が増え、地域との関係も薄い。友達と戸外で遊ぶ時間は、小学生でも半数がほとんどなく、中学、高校と年齢が進むにつれて減る。遊ぶ時間はあったとしても、戸外から自らの個室へと移っている。そして室内の子供たちの持ち物は、携帯電話だけでなく、個室、テレビ、テレビゲー

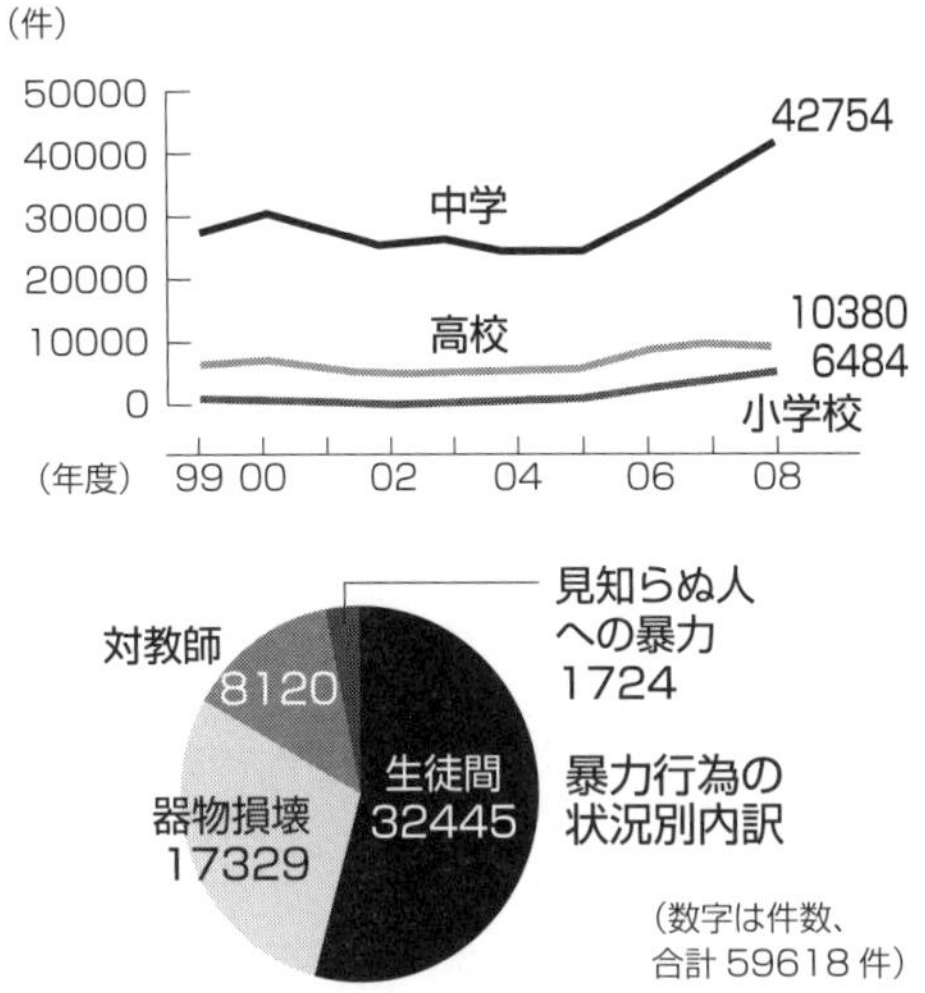

図46　暴力行為発生件数の推移と状況別内訳

出典：毎日新聞、2009.12.1
注）06年度から公立に加え、国・私立も調査

ム、ステレオ、ラジカセなどで、物質的には豊かさを加えている。しかし、種々のＳＯＳ発信は強くなり、やがて犯罪に向かう子供たち、すぐに切れて暴力を振るう子供たち、不登校、心身症などに陥る子が増加している（文献48）。

そこで文部科学省では、「ゆとりの時間」、続いて「総合的な学習」の時間を設けるようになり、「生きる力」を増進する方向を出したものの、その後国際競争と学力低下を理由に、ゆとり教育の動きは逆流しつつある。それにしても、子供たちはよく世間で言われるように、なぜ「すぐに切れてしまう」のであろうか。ただ大人の方も、児童虐待や家庭内暴力（ドメスティック・バイオレンス）をはじめ、「誰でも良かった」などと、不特定多数の大量殺傷事件がしばしば起こるので、子供だけの問題ではない。

食べるということ——生きるものの宿命

市場経済の中で、しだいに加速してきた経済効率優先の生産システムの下では、家畜と人間、作物と人間、したがって自然と人間の関係は、著しく分断される。ウシやウマなどの家畜や作物等自然の不思議さへの驚き、可愛さ、いたわり、動物との感情の交流と感動・喜びといったことは、生産に携わるもののみが感じうる特権であった。こうした農業生産の持つ非経済的な側面は、商品としての農産物生産の始まりとともに失われがちとなった。さらに育成されたウシやブタ、ニワトリは、屠殺場に回され、肉片へと解体・加工される。工場の中では日常的なその光景は凄惨で、ふだん生産者にも消費者にも目に触れることはない。それが卸し―小売等の流通過程を経て、肉片として家庭の食卓に上がる。そこでは、牛肉、豚肉、鶏肉は「アメリカ産か国内産か、高いか安いか、おいしいかまずいか」といったことだけが関心事となる。生産―集荷―運搬―屠殺―加工―流通（卸・小売り）―消費者というように、徹底的に分業化、専門化された市場社会経済システムの下で、各プロセスは独立し分断されている。それが最も経済効率的だからである。すなわち文明社会は、高度化すればするほど、分化されかつ組織化・効率化されるが、生産から消費にいたるプロセスの全容は、霧に隠され見えなくなっている。

前のプロセスにおける、苦労し可愛がって育てること、殺すこと、食べることの間には、一人の人間の行為・感情としては、あまりに大きな落差がある。しかしそれらは人間が生存、生活していくための、善悪を超えた避けがたい冷厳な事実である。現代農業は収益性、経済効率が優先し、動物の可愛さ、面白さを軽視することで、自然の魅力、農業の魅力をも減退させている。またプロセスの分断の中で、人間性の豊かな形成が阻まれている。

感動・祈り・感謝

日本でいえば、一九六〇年頃までの農村家族は、このプロセスを一体化していた。二〇～三〇羽のニワトリ飼育を家族とりわけ子供が分担し、水や野草、野菜、貝殻片などを与え、ニワトリを苦労しながらも可愛がって育て、卵を採る。ニワトリはなぜこのような卵を産むのか、産んでくれるのか、自然や生き物への感動や畏敬、不思議の念が広がる。卵を産まなくなれば、父親は川岸で「ごめんよ」といいつつ殺し、処理し、家族の食卓に供した。昨日まで可愛がってきたものの生命を絶つ。それは何らかの祈りなしに行うことはできない。

家族はこのようなプロセスを知る限り、感謝の念なしに肉を食することはできない。家族の眼前で繰り広げられる、こうしたプロセスの連続性・一体性の中では、撫育の労苦、自然への感動、動物の可愛さやそれへのいたわり、殺すことの残酷さと心の呵責、そして祈り、それを食する家族の喜びと感謝、これらのものが混然一体として、父親を中心にその家族に直接感得されていたのである。

今や都市ではもちろん、農村でもこのような一体性は失われ、生産と消費にまつわる人間行為のプロセスと全容が見えなくなっている。こうして私たちは、自然との関係の中で知るさまざまな知恵、自然への畏敬、不思議と感動、思いやり、祈り、そして自然や労働への感謝といったものを失ったといえる。世界の各地域に残るそれぞれの農耕儀礼や祭礼には、このような人間のトータルな生存、生活の姿を反映したものが多い。

子供たちはなぜ切れる

私たちは前記の「見ない、あるいは見えないプロセス」の中で、矛盾に満ちたしかし避けることのできない人間の宿命、自然界の掟である「育てる—殺す—食べる」ことの意味の理解に欠け、単純な人間存在へと退化しているともいえる。こうした状況の中で、消費者は容易に食べ残し、食料の大量廃棄の問題も生じている。

現在子供たちの種々の問題が指摘されている。とくに簡単に「切れる」ことによって、想像もつかない衝動的犯罪を引き起こす。切れるとは、「矛盾の抱え込み」のできない単純な心の動きである。単純化あるいは分断は、本来は連続し、統合されてあるはずのものを、別々の場所に置くことである。現代社会は矛盾するものを別々の場所に置いて、ある種の限定された整合性・合理性を獲得している。矛盾するものを一つの場所に置いてみることを、放置あるいは回避すれば、新たなより大きな矛盾が現れることになる。人間と自然の関係の再構築こそ現代社会の大きな課題と言えよう。

作り・育てるということ

農作業の対象は、有機的生命体としての動植物つまり作物や家畜である。そして人間の創意工夫や作業とともに、土・水・大気・日照などの環境条件が相互に調和的に働く時に、作物や家畜もよく育成され、最もよく目的を達成しうる。つまり農業は自然との協働において成立する。工業のばあいは、原料つまり生命のない素材の加工であり、人間の側の構想力、形成力に一方的に依存する。こうして農作業の特性は生命的自然との相互性に特色がある。

家畜と人間との間にも感情の交流が成立する。動物は、人と人ほどでないにしても、今西錦司の「類推」可能な、哲学者ボルノーの「理解」可能な触れ合いの領域の内にいると考えてよいのである。また作物のばあいも、農民・樋上平一郎が言うように、毎日畦道に立って「稲と話す」ことで、優れた稲作経営を遂行していく（文献49）。農民が山野で一人一日孤独の中で作業できるのは、山川草木、鳥や虫と語らいながら働くからであるという。この相互性において、人間は自然から教えられ、協働と協調を学び、生きる歓びや感動を味わう。祈りや感謝を培う。

農作業の目的は、主として農産物という成果を生むことである。稲を育てて米を収穫し、鶏を育てて卵を採り、牛を育てて乳を搾ることである。そしてその過程で用いる器具、施設を作ることである。つまり物を作り育てることである。三木清は、人間は「物を作ることによって自己を作ってゆく」という（文献50）。技術は自然の法則を離れてはありえない。しかし技術は同時に、自然を人間の側に引き寄せ、自然を改変し利用する人工的創造的行為の世界である。このように考えると、農作業は自己創造的、自己形成的であるといえよう。

農作業が子供の成育に大きな力を発揮するのではないか、あるいは人間形成に不可欠ではないかとの思想も、内外を問わず多く見られる。作業と教育、労働と教育の問題は、総合技術教育、職業教育、生涯学習教育などの場で取り上げられてきた。しかし自然体験・農業体験そのものが技術教育を超えて、人間そのもののいわば全人的教育に意味あることだと考える思想が、歴史的にも一つの系譜をなして存在しているだけでなく、近年「農業の教育力」として認識されるようになってきた。

2　作業教育の思想

作業教育思想の系譜

こうした中で想起されるのが、農林水産業という、人間と自然を最も直截に結ぶ関係の中で、子供たちがさまざまな体験を積むことが大切ではないかという、農業教育力への注目である。むろん他にも、種々の重要な総合と体験の場はあるが、農林水産業は最も重要な場の一つではないかと考える。これまでにも、子供たちの心身の成長にとって、農作業体験が欠かせない重要なものとする教育思想の系譜が存在する（文献51）。

農作業重視の教育思想家、実践家は、欧米ではルソー、ペスタロッチ、ゲーテ、フィヒテ、オーエン、ベイリ、デューイ、シュタイナー等々がある。日本の作業教育思想史としては、安藤昌益、高嶺秀夫、伊沢修二、沢柳政太郎、小原国芳、小林澄兄など、そして近年では加藤一郎らの『教育と農村』、七戸長生らの『農業の教育力』などが注目される（文献52）。

ルソーは「人間は密集すればするほど腐敗する。……都会は人類を破滅に導く深淵である。……これを復活させるのは田舎である」、「農業は人間の職業のうちで最初のものである。それは人間の従事しうる職業のうちでもっとも正直で、有用で、したがって高尚なものである」とし、「農夫のように働き、哲学者のように考えることが教育の理想である」と述べている。

ペスタロッチの思想

ペスタロッチは、ルソーに傾倒、教育こそ人間を貧困その他の不幸から救い出し、社会改革の基礎であると考えた。そして農民は、いわば「自然の学校」を持ち、たとえ学校がなくとも自分がなるべきものに十分なりえたのだとして、自然教育、作業教育を重視する。さらに堅実な家庭と、多面的作業、それを通じての全面的な人間形成を意図した。ペスタロッチは、家庭を持たない孤児のために孤児院を開き、農業を生業として、生涯を子供の教育に捧げた（文献53）。教育の神様といわれるペスタロッチは、公私ともに農業を重視したのである。

さらにペスタロッチの影響を受けたＪ・Ｆ・ヘルバート、さらにＴ・ツイラーなどは、個人の健全な人間形成のためには、古代からの人類の発展段階、たとえば狩猟・採集―遊牧―農業―手工業―総合的商工業の内容を、順次追認的に教育することが必要だという文化史段階反復説を唱えた。

写真９　ペスタロッチ

出典：ウィッキペディア（ヨハン・ハインリッヒ・ペスタロッチ）より。

この学説に対しては、①人間の生物的・文化的成長過程を人類史と同一視している、②文化展開の把握が直線的である、③回顧的である、などの批判がある。しかし私には、なお興味ある論点があるように思われる。人家を離れ、電気もガスもないところで、火を起こすところから始める原始的生活体験学習は、子どもたちを未知の世界に導き、目を輝かさせるという報告が各地からなされている。芋を収穫し、採れた米で餅つきをする子どもたちの笑顔がよく報道される。日本の古代から現代に至る人々の生活と労苦、現在の農林漁業、工場労働などを、折にふれ体験させる意味はきわめて大きいと思われる。

ゲーテは農業学習と手工技術を重視した「教育の里」Pädagogische Provinz を構想した。フィヒテは、同じように、田園での教育を理想とする「教育の国」Erziehungsstaat を構想した。オーエンは教育にとどまらず、人間社会そのもののあり方を、農業と工業両方に従事することを理想とする農工協同体に求め、新社会「ニューハーモニー」を構想し、アメリカに渡り実践しようとした。

デューイ、ベイリの思想

また二〇世紀に入り、アメリカではデューイがヨーロッパ思想とは異なるプラグマティズムの観点から、感性や肉体にかかわるものを排除した知と精神が人を育てることはないとし、「行為による学習」Learning by Doing を重視した。知と情、思考と行為、精神と肉体、といったヨーロッパ的二元論的把握を排し、連続的一元的把握を目指した。

これと連動し、「自然学習の思想」がベイリによって主張された。それは農業を基礎にした自然の学習、地域社会生活のトータルな理解を目指す。人間と社会への理解は、自然への愛、簡素な生活へと傾斜していく。自然への愛は農村へと向かう。農村文明は都市文明へと軸を移しつつあるが、「畑からの一語は都市からの二語に匹敵する価値を持つ」というのである。「都市は寄生植物のようであり、その根を遠い農村にまで伸ばし入れ、その養分を吸い取っている」。しかし都市文明は、健全な農村文明を基礎に置かずには、全アメリカが健全ではありえない。ベイリは「都市化に伴う腐敗に対する解毒剤としての農村の役割」を強調するのである（文献54）。

こうした農作業の教育的・人間的意義を認める思想、農業・農村を重視する思想は、内外の教育観の中に連綿として続いている。

明治以降の日本の作業教育思想はヨーロッパの思想導入を中心とするが、近年再びヨーロッパ的なものと東洋的なものを結合する七戸長生のような研究が現れている。こうして学童農園、市民農園、山村留学、体験学習に関する主張と実践が進められているが、真の展開はこれからといえる。以上のように農作業は、人間生活という側面から見たとき、人間のトータルな自己形成、最も根元的なものを培うという、思いのほか重い意味を持つことが知られよう。

3　農作業の総合的人間性

農作業は市場社会においては当然経済的な意味合いを帯びているが、ここでは、農業は経済的・

非経済的な両義性を持つと考え、農作業の人間にとっての意味を考えてみたい。それは一言でいえば総合的人間性ということだが、その内容は、次のように①循環性、②多様性、③相互性、④自己創造性の四点に整理できるだろう（文献19）。

農作業の循環性

農作業は天体の循環である一年を単位とする四季の変化を、そのまま映し出す循環性に特色がある。工業が無機物の加工、死んだ素材を対象とするのに対し、農業の対象は動植物という有機的生命体であり、それは複雑な生態系を環境条件として生命とその循環を維持していく。農業は天体の循環とそれを映す生命の循環とともにある。

農作業はまた世代循環的である。普通の作物は一年生で一年一作であるが、柑橘、柿、桃、栗、梨、りんごなどの果樹類は二〇～三〇年、杉、檜、その他の林木のばあいは三〇～五〇年を最低の生産単位とする。「植林は孫のためにする」といわれるのはそのためである。果樹も林木も植栽段階では、将来の生産物価格はほとんど予測困難であり、経済的行為としては大きなリスクを伴う。それによる所得の有無は可能性の範囲にとどまる。自らは父または祖父の遺産に依拠しつつ、子や孫に遺産を残すのである。一年一作の作物にしても、その生産基盤としての農地は、もともとは山野を拓き、土地改良をして灌排水を可能にし、地力を蓄える長期的累積の上に可能なのである。

この循環性によって、人間は自然の生命性、永続性を感じとり、生命のリズムやゆとりを学び、さらには非情な自然やそれへの畏敬の念を抱き、謙虚さを学ぶといえる。また祖先への感謝、子孫への希望の継承は、人間の精神性と物的な財の蓄積過程でもある。

農作業の多様性

農作業は「土の耕起―土づくり―育苗―植栽―気象条件の観察と水および養分の管理―除草―収穫―処理・加工―販売」という時間的季節的経過の中で、異質で多様な作業が連続的に変化・継続する。

作物の種類も多様で、それぞれ作業過程も異なる。同時に、気象条件の予測は限定され、台風の有無、寒暖の差が豊凶を左右するという複雑性の中にある。穀物、果樹、野菜、花、工芸作物など、そして牛、馬、羊、ウサギ、鶏、豚など、作物や家畜の種類、作業の種類の多様性は、年齢別、性別に適した作物・家畜や作業を選択する可能性を提供する。農業は老若男女を問わず作業の機会を与える。また専業、兼業、ホビー農業、市民農園など自らの欲求の内容と形態に応じて、規模も自由に選択できる。

工業と異なり、多様な作業が連続的に継起する農作業のばあい、人間生活に変化とリズムを与える。また育成過程の生命体と生態環境との複雑な関係への関与は、単純化・画一化された現代社会生活の中にあって、逆に生き生きした人間存在の証しとなり、生の躍動を保証する場ともなる。

農作業の相互性・自己創造性

先にも述べたように、農作業では「作る」という面と「育てる」という面がマッチして初めて作物や家畜が育つ。動植物と人間との間に「理解」可能な領域が広がり、相互性が生まれている。またものを作り育てるということは、自分を育てるということであるとすれば、まさしく農作業は自己創造的でもある。子供の教育の場で、農作業が注目されてきたのは、理由のあることといえよう。

かつて農村地域では「農繁期休み」と称して、数日間学校を休みとし、子供たちに繁忙期の農作業の手伝いをさせた。一九六〇年代までは、農村の子供が農作業の手伝いをするのは当たり前のことであった。しかし現在は農業の機械化、化学化、装置化が進み、手伝いはほとんど不要となっただけでなく、子供は進学のための学習に忙しい。先述のような「農業の教育力」が意味を持つ場について見直す必要がある。

都市化が進んだ現在、私たちはみんなが農業を営み、子供がそれに加わることなど、とても望みようもない。しかし野菜を育て、花を植え、その原点に少しでも近づくことはできる。そのもっとも身近で普遍的なものが市民農園である。

4　ものを育て作ることは、自分を育て作ること――「菜園の力」

市民農園――見る緑から作る緑へ

子供たちの自然体験、農業体験の場は、さまざまな形で用意されつつある。市民農園、校庭でのビオトープづくり、学校農園、観光農園、各種の都市・農村交流（果樹、牛、材木、棚田などのオーナー制度）、山村留学（里親制度）などである。

ドイツではもともと市民農園（クラインガルテン）が盛んで、一九世紀の貧困層のための「救貧菜園」や、医師のシュレーバーによる子供の成長のための教育菜園（シュレーバーガルテン）に由来する。さらにいえば、ドイツでは王が引退したり失脚したりすると、農場を持って働くとか、貴族が都市の城壁の外で農園を持ったりするのはよくあることであった。

経済学者レプケは、「菜園の力」（Gartenkraft）を重視する（文献45）。菜園の所有は、都市生活の弊害を緩和し、自然と結ばれた農村的な生活リズムを取り戻して、家庭生活に安らぎを与える。また子どもの教育や若干の家計のやりくり、そして余暇の増えた現在、花や果実、野菜づくりの趣

写真10　W. レプケ

提供：ケルン大学 Willgerodt 教授（喜多村浩教授を通して）提供

味として、多様な意義を有すると主張する。近年ではこれに自然保護、都市内の緑地空間としての機能、心身の健康保持、大気浄化、災害対策などの役割もあると評価されている。

レプケはこの菜園保有のために、国民に対する土地・家屋資産の再配分の必要性、そのための条件として地方分散政策の必要性を説く。すなわち、ひたすら巨大企業の論理が支配し、過度の集中と組織化・専門化・分業化が進み、人びとを財産のない群衆と化し、政治権力を集中するところの大都市を解体して、人間の身の丈にあった、農村的リズムをもつ地方中小都市振興を訴えるのである。経済学を単に合理的な世界、計算可能な世界に封じ込めるのではなく、「菜園の力」、地方分散、人間性を積極的に経済学の主題として取りこんだレプケに、私は新鮮な驚きを覚える。E・F・シューマッハーのスモール・イズ・ビューティフル（小さいことは美しい）の思想は、このレプケの思想に由来している。

ドイツのクライン・ガルテンと「庭園都市」

市民農園は西欧とくにドイツなどで盛んである。ドイツの市民農園は、例えばハノーファー市の例では、人口約五五万人の市民に対し約二万区画が用意され、ほぼ六〜七世帯に一世帯の割合で農園が持てることが、都市計画の要件とされている。一区画当たりの広さも一〇〇〜一五〇平方メートルで、日本の三〜五坪とは比較にならない本格的なものである。しかも徒歩一五分まで（「乳母車の距離」と表現されている）の位置にあることが基本とされ、郊外でなく市内各所に散在しているのが特徴である（文献38）。

またハノーファーはドイツを代表する緑の都市といわれ、今も庭園都市 Garten Stadt を目指しているが、現在五つの緑をもつ都市となっている。それは①六五〇ヘクタールという広大な自然林アイレンリーデ、②沼地を掘り上げた七八ヘクタールの人工湖・マッシュ湖と周囲の緑、③人工美の極限としての王宮庭園・ヘレンハウゼンガルテン、④市民農園（クライン・ガルテン）一一〇〇ヘクタールは市域の八％に当たる、⑤市街地を円形に囲み、ウオーキングやサイクリングの楽しめる緑のリングである。加えて、スプロールをおさえ、大切にされた周囲の農村空間が広がる。（図47）

これらの緑の中で市民は心身を癒し、自然や農林業と接し、家族や知人と憩うのである。とくに

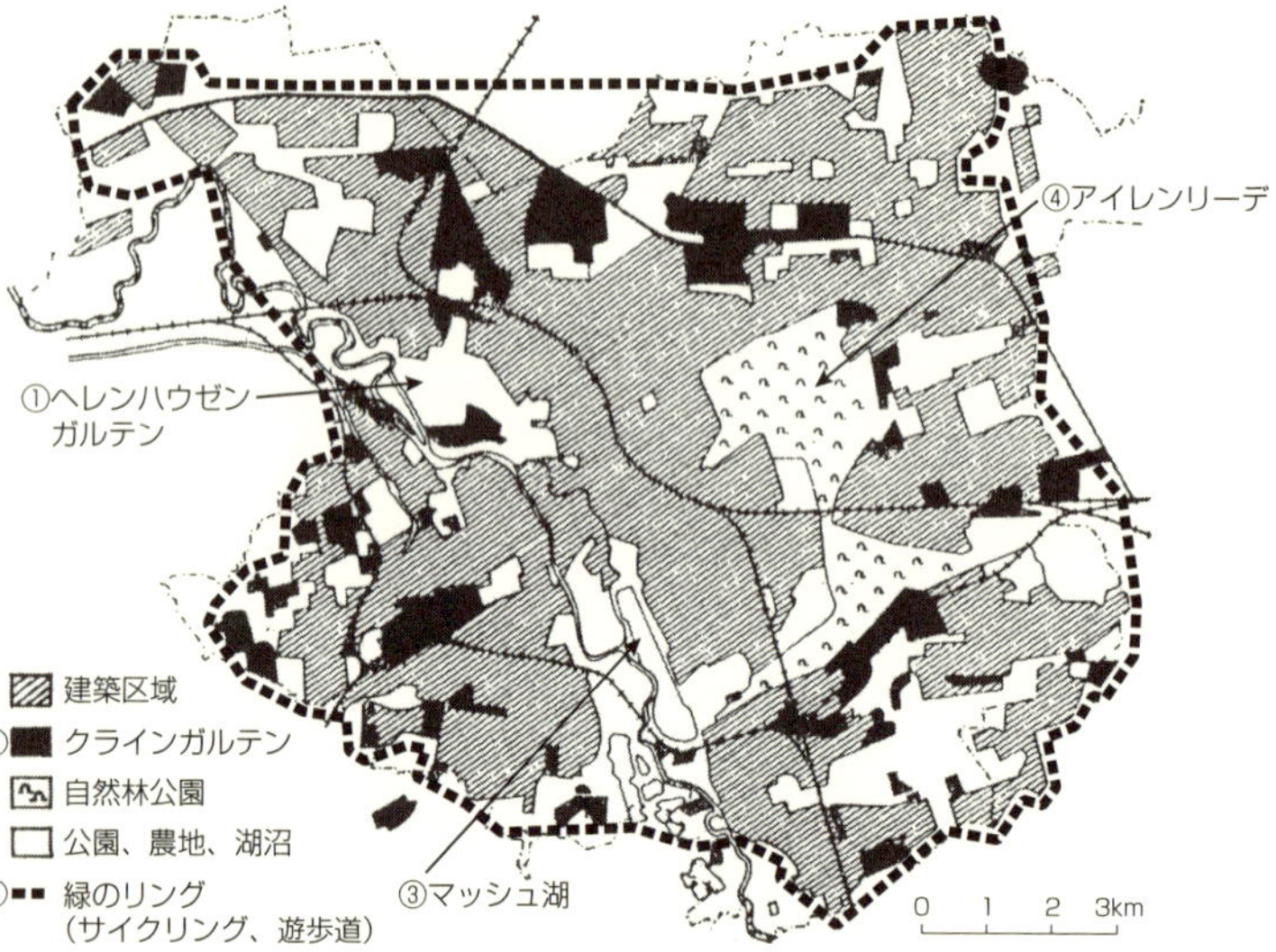

図 47　ハノーファー市５つの緑（①〜⑤）

出典：Flächennutzungsplan Hannover, 1977 の図をもとに作成。.

市民農園の意義は、①人間と土地・自然を結びつけ、②自然保全機能を持ち、③心身の健康に役立ち、④「緑の子供部屋」として社会的・文化的機能を果たす、⑤自由時間と休日の増加の中での趣味となる、⑥花、野菜、果実の栽培は多少とも家計の助けになる、⑦人間の生活空間としての都市計画にとって不可欠のもの、といった認識のもとに提供されているのである。

日本でも市民農園が増加しているが、質・量ともに西欧とは比すべくもない。都市の一人あたり公園面積も、西欧の一〇〜一五分の一とされている。いきおい日本の都市民は、車の渋滞をものともせず、郊外の農村空間へと繰り出す。しかしそこでは、しだいに人間的な都市農村交流の輪が広がり、自然体験・農業体験の場が用意されつつある。都市民がリンゴや栗の木、山林の木、山間の棚田のオーナーとなり、農村の人たちの管理の助けを借りながら、家族ぐるみで農林業体験をするのである。中には牛のオーナー制度もある。

また半年から一年、あるいは夏休みの期間に、子供たちが里親となってくれた山村の農家の人たちの家で暮らし、のびのびとした、しかし節度のある人間形成をする山村留学制度が注目されている。

近くの休耕田などを借り、学校農園として設置し、米作り、芋作りをしたり、校庭の一角に池と雑草をもつ自然空間を作り、メダカ、フナ、ザリガニ、トンボなど、小さいながらも自然に親しみながら生物・生態系の知識を得るなどのやり方が広がりつつある。

このような子供たちの自然体験、農業体験が、自然の面白さ、不思議さ、厳しさ、動植物への愛情、作業のつらさなどを体感させ、人間形成に資することとなる。こうしたことが、環境の世紀といわれる二一世紀に欠かせない、重要な教育の領域となってきたのではなかろうか。言葉や知識も確かに人間の生きる力となることは間違いないが、より根元的には地域での日常的な体験によって培われ、それを通して、言葉や知識が真に力となるのではなかろうか。

第9章　自由貿易の限界と持続的地域の形成

——場所性の復権

本章では近代社会とりわけ戦後世界経済を動かしてきた国際分業論とケインズの経済学を検討し、それが国際化ないしは自由貿易システムの中でどのような役割を果たし、いかなる課題を残したか、農業・農学の立場からそれはどのように理解されるかについて論じたいと思う。

1　農業立国か工業立国か、それとも商業立国か

工業立国か農業立国か、あるいは商業立国かといった議論は、一見古臭いように思われる。しかし近代世界の覇権国盛衰の歴史を見たとき、こうした議論は今も多くのことを教えてくれるように思う。

アダム・スミスは、近代国家の歩むべき道筋、すなわち「諸国民の産業発展の自然的順序」として「農業→工業→商業（国内商業→海外貿易）」の図式を掲げている。分かりやすく言えば、農業生産力の増大→余剰生産物の増加→都市の勃興→都市の農村との市場圏の形成拡大→製造業の発展と農業生産力の一層の増大→国内商業の発展→海外貿易の発展という因果的連鎖的展開である（文献55）。

スミスは、北アメリカはこのコースを典型的にたどりつつあるが、ヨーロッパは往々にして「自

然を欺いて」逆転したコースをたどり、自らその発展速度をのろくしていると警告した。彼は新興国アメリカの、広大で平坦かつ肥沃な新開の農地における豊かな農業生産と、それを基礎にした力強い工業発展への息吹を読み取っていたに違いない。

仮にスミスのいう発展の自然的順序が正しいとしても、すべての国が順を追って順調に進んでいくわけではない。そのことをドイツの国民経済学者リストは注意深く指摘する。

当初世界の経済的覇権を握ったのは、スペインとポルトガルであった。両国はアメリカ大陸の発見、喜望峰周りの航路開発などによって、強大な商業上の力を獲得した。そして植民地を拡大・収奪しつつ、世界の産物を商品として各地に運搬・往復することで、莫大な利益を得、金銀財宝を手にしたのである。しかしやがて、スペイン・ポルトガルに対抗して海軍を増強し、自ら新たな工業製品を作り出し、それを輸出することで利益を得ようとするオランダやイギリスに敗北していった。スペインの王たちは、あわてて蓄積した金銀貨幣の持ち出しと外国工業製品の輸入を禁止する法律を出したが、無効であった。それどころかやがて、両国の優れたワインとイギリスのラシャをはじめとする工業製品を、自由貿易によって売買しあうならば相互に大きな利益があると思い込ませるのに成功したと、リストは皮肉っている。以来スペイン・ポルトガルは、単なる農業国といえるような地位に落とされた。

次いでイギリスとオランダが覇権を争った。イギリスの本格的な産業革命の進展の前に、スペイン・ポルトガルほどではないにしても、なお商業的利益に重心を置くオランダはしだいに後退していった。大塚久雄はこれを、工業発展に基づく「内部成長型」国家に対して、商業取引上の〝浮利〟を追いかける「中継貿易型」の国家の敗北としている（文献56）。イギリスはついに、大英帝国として多くの植民地を支配し、長く世界の覇権を握る。しかし同じ工業でも、繊維工業に重点を置くイギリスと、その重圧に耐えつつ工業を振興し重工業に重点を置くドイツとの間に争いが起こり、覇権の交代が起こった。さらに第二次大戦後は農工商いずれにおいてもバランスよく実力をつけたアメリカ合衆国が、世界をリードすることとなった。

これらの世界史を概観すると、単なる農業国家に止まることなく、また物の間隙に浮かぶ〝浮利〟を追う商業国家に止まることなく、そしてまた工業国家として特化することなく、その間にバランスを考えて生き抜いていく国や地域こそ、最後に生き残っていくことを証明しているのではないか。日本も一九八〇年代に、自動車を中心としてアメリカ工業を疲弊させ、「ジャパン・アズ・ナンバーワン」などと称されたが、バブル崩壊によって束の間の繁栄に終わった。そのとき成功の頂点にあったダイエーの創設者中内功は「日本は商業国家として生きるべし」などと豪語したが、その後ダイエーはあえなく経営破たんに追い込まれた。

一時の繁栄におごることなく、農工商のバランス、そして今はサービス業を加えた産業バランスを確保し、環境や生活の質に目を配る国や地域こそ、長期的安定と真の豊かさを獲得しうることを肝に銘じなければならない。

2　農業における市場の失敗

近代社会はすぐれて市場中心の社会、経済合理的な社会であり、工業発展、都市拡大によって特徴づけられる。工業化は私たちに多くの物的な豊かさをもたらし、都市化はある種の自由を与えた。ここで私は、市場経済そのものを否定する立場を取るものではない。市場経済を基本としつつも、市場経済では解決できない問題について、あるいは市場経済であるがゆえに生じた歪みや失敗について、その不公平や不均衡を最大限修正しようとする立場に立つものである。

近代社会の最終段階、二〇世紀後半の戦後世界を動かし発展させた理論的原動力は、比較優位性の原理に基づく国際分業論とケインズ経済学であった。比較優位性の原理は、リカードによって提起され、ヘクシャ＝オリーンによって現代化された自由貿易と国際分業のための基礎理論である。自由貿易の土俵の上に、各国の産業は、土地・労働力・資本などの生産要素は最も合理的に配分され、各経営体の生産効率を高め、人々の経済的利益すなわち経済的厚生の水準を極大にしうる、というものである。

ただそこにはいくつかの前提条件が想定されている。ここでの議論に関連して重要な点を三つあげれば、①完全自由競争条件が存在すること、②農業生産は風土条件に左右されるが、この場合風土は一種の生産要素と見なす、③生産および消費に関して外部効果 external effect が一切存在しないと考える、などの点である（文献57）。

上記①の競争条件に関しては、今日世界的規模で巨大企業が形成され、市場構造は寡占的となっており、価格形成はすでに完全競争の状況からは程遠い。寡占性は規模格差から生ずることが多いが、農業生産はその空間的・時間的特性から、工業とは比すべくもない小規模な生産単位となっている。また②の風土条件等を生産要素の一つに含めることは、世界経済に組み込まれるかぎり、風土条件の劣悪な所では、理由のいかんを問わず国際競争力に欠け、農業生産を放棄せざるをえない。

さらに③は、5章で述べた経済活動が存在することで、物の生産・供給以外のさまざまな影響を与えることを意味する。現在地球規模で問題化されている環境破壊は、経済活動の「負の外部性」、そして安らぎ空間としての田園景観の存在等いわゆる農業の多面的機能であり、「正の外部性」にかかわる問題である。これらの外部性の不在が前提とされている経済理論だということは、環境問題や生活の質を考慮すべき二一世紀の経済理論として、重大な欠陥をもつと言わざるをえない。このように、二〜三の点を考えただけでも、単純な比較優位性原理の適用は、まったく現実の社会的要請を無視したものになってしまう。農業と工業、各国の対立・葛藤はここに根源をもつ。以下市場原理、経済効率最優先の自由貿易システムがもたらした問題点、とりわけ「国際関係の中での市場の失敗」について、環境問題、没場所性、真の豊かさの三点から述べる。

3　農産物自由貿易論の限界

生態環境の破壊

ケインズ理論は、一九二九年の大恐慌によって破局的状況を迎えた資本主義経済を救済すべく、①所得再分配による国民的消費性向の向上、②利子率の政策的引き下げによる民間投資の刺激、③赤字財政も辞さない積極的公共投資、そしてこうした諸政策による有効需要の創出並びに失業問題の解決、④以上の政策を支える管理通貨制度の確立など、およそ四つの柱をもつ政策理論であった（文献58）。それらの政策はまた、インフレや無駄を、ある程度やむを得ないものとして許容する成長政策論、呼び水政策論であった。

ケインズ理論の目的は、基本的には「政府による市場経済の計画的管理改良」にあり、それによって市場社会を再生させた。しかし同時に、本来その経済中心の理論に伏在していた欠陥もまた露呈した。恒常的インフレとスタグフレーション、資源の浪費、環境破壊、都市問題などである。こうして高度成長政策は成長至上主義、GNP第一主義などと呼ばれ批判される結果になった。人間と社会を経済の魔性の世界へと導き入れる、この経済至上主義の考え方が、現代社会に多くの大きな問題を投げかけている。その最大のものが生態環境の撹乱と地球温暖化、それによる生命の危機である。

経済活動の優先は生態環境を撹乱し、各種の公害問題を発生させた。フロンガスをはじめ各種の大気汚染、化学物質のたれ流しによる河川、海洋の汚れ、酸性雨による森林被害、過剰開発による森林の減少と砂漠化、農業開発による塩害や土壌流失、食品や飲用水の汚染、また原発事故や核爆弾による大規模破壊の可能性などが、広く地球を覆っている。私たちは、経済活動によるエントロピーの増大によって、肉体の内と外から大きな生命の危険に見舞われている。

こうした状況の中で、経済学者玉野井芳郎は、「工業生産の論理」はすでに破綻しつつあり、生命系の産業としての「農業生産の論理」を重視することが、産業社会および経済学の再生に不可欠であると論じた。だが現実には、当の農業そのものも経済効率最優先を基本理念とし、「農業の工業化」を急いでいたのである。すなわち人口増加、分業の進展と農業就業人口の減少、生産技術の発展により、大量生産・大量消費が旗印となり、経営の専門化と作物の単作化、化学肥料と農薬の多投、機械化が進展した。そして最も効率的生産の可能な大農圏の農業が、世界のほとんどを占める小農圏農業を圧迫し、疲弊させている。そのため、大農圏、小農圏それぞれの形で、農業生産による環境汚染と、農産物の食品としての安全性が問われるに至っている。こうして農業は、多くのマイナスの外部経済効果をも発生させるのである。

同時に、農林業には正の外部性すなわち多面的機能があり、環境保全的な役割が大きく期待されている。農業生産とくに水田農業は、明らかに貯水と洪水防止、国土保全、水の浄化、大気の浄化、温暖化防止など多くのプラスの外部経済効果を生み出す。したがって農業の縮小は外部効果の縮小を意味する。そしてすでにふれたように、外部効果の不在を前提としている国際分業論は、環境問題への視点をその論理の中にほとんど包含しない、非現代的理論だということになる。

場所性の復権

アメリカおよびケアンズグループ（オーストラリア等）は、生産効率の高い新大陸型大農圏であるが、すべての国の農業も工業もともに同じ貿易自由化の土俵に上るべきであるとする。つまり「農工一体の自由貿易論」を主張している。日本農業のモデルとしてアメリカ農業を想定し比較しつつ、それと競争可能な徹底した「産業としての農業」の確立や国際分業を目指すとすれば、日本の農業の現実はまことに厳しい。

日本の農業経営は二〇〇八年で一農家平均一・八ヘクタールとなっている。アメリカの一農場平均規模約二〇〇ヘクタールに比べれば、圧倒的な差異がある。しかも日本では、統計が存在するようになった明治以降をみても、その激変の一〇〇年余の中で、一農家平均規模一ヘクタール余程度という基本的な姿はほとんど変わっていないといってよい。

日本農業はその小さな規模でも、農産物を生産・販売し、商品生産をしてきたわけであるから、単に自給的であったわけではない。農家は小規模であるがゆえに、協同して主産地を形成し、地域農業として商品生産に対応してきた。アメリカとは異なった、小農特有の小回りのきく、日本独自の大量生産、大量消費の農産物生産・流通機構を形成してきたのである。日本の農学もまた、極度に集約的な農法の形成に多くの貢献をしてきたのである。アメリカ、カナダ、オーストラリアなど、徹底した企業的・経済合理主義的な農業観の上に立つ新大陸型の農業との対比でみれば、その底流に生業的・自給的な農業観を色濃く残した家族的小商品生産農業であるといえよう。日本農業も経済効率性を高める努力が不可欠だが、新大陸型農業との間には、同じ経済合理的といっても、まことに大きな質的差異が存在している。

また欧米の農業が、天水を利用した麦、とうもろこし、馬鈴薯、牧草地など畑作物中心だったのに対し、日本は水を治め、保全し、利用する水田稲作が中心であり、村社会は協同して水の管理、自然管理、流域管理に当たってきた。日本の国土は中央部を縦に山岳が走り、河川はどの国よりも急流をなす。その川筋、谷筋に耕地を開き、稲作を中心とする農業を形成した。アジア・モンスーン地域で雨が多いというだけでなく、しばしば豪雨と洪水を伴う台風に襲われる。こうした自然条件の中で日本農業は、自然と共生し、自然をコントロールして、国民の食料を供給し、国土を保全し、下流域を洪水から守るという「流域圏の思想」とでもいうべき理念を背後に持って展開してきた。

しかし、アメリカ農業等大農圏との間には、自然条件、地域社会との関係などあまりにも大きな落差があり、日本農業はじめ世界の小農圏が大農圏と互角に競争していける可能性はきわめて小さい。そこには何らかの保全的措置が必要である。そうした歯止めなしに日本農業の存続は難しい。

一九八〇年以降の約二〇年間、「世界の工場」たる日本工業に押されたアメリカは、せめて農産物と兵器くらいは買ってくれとばかりに、日本に圧力をかけてきた。アメリカ農業は巨大な生産力と高い生産効率を誇り、「世界のパン籠」として日本の農産物輸入を求めていたのである。日本農業は、強い日本工業と強いアメリカ農業のはざまに衰退を続けた。そして経済効率性優先の下で、縮小に縮小を重ね、カロリー自給率にして世界的に例のない四〇%まで後退したのである。

そこでは、農業が自然的地理的条件、さらには歴史的条件に大きく左右される産業であり、種々の地域特性と絡み合っていることが軽視され、内外価格差のみを直接的指標として、その盛衰が決定されてきたのである。市場社会は地域性・場所性をむしろ欠如させる力として作用し、多様性を均質性に、経験を概念に置き換えて「没場所性」を促進するというレルフ等の主張が注目される（文献59）。場所性の復権なしに、日本農業の再生、また環境問題の解決はないといってよいであろう。

過去的幸福としての経済的幸福

経済至上主義的思想のもたらすもう一つの問題に、人間的生活の制約がある。トータルな意味での人間的な「生」（文献60）すなわち生命の健康を維持し、心豊かな生活を送り、生きがいのある人生を全うするという人間本来の幸福を、経済の魔性はしばしば強く制約してしまう。経済発展は私たちの物質的生活を著しく豊かにしたが、他方でまた、多くの、ささやかだかしかし人間にとって貴重な日常的生活の論理を押し壊していく。

近代社会は工業化とともに、都市の異常な膨張と生活様式の全般的都市化現象を結果する。とりわけ今日の日本の「一極集中」に象徴される人口、経済、文化、政治などの諸力の偏在と、それによって生起する問題は、都市住民だけでなく、農村地域社会にとっても大きな重圧となっている。

都市民の、いわば「生活合理性」という視点から都市を見たときに、大都市集積の経済的利益・不利益はまったく様相を異にして現われる。企業の立場からは部分的にしか認識されなかった問題が、大きく浮かび上がる。騒音、大気汚染、河川の汚れと飲み水の汚染などの公害問題、住宅の狭さ、日照の少なさ、公園や緑地の不足、ゴミ問題、各種都市災害、さらにコミュニティーの崩壊と孤独、精神障害の増加、犯罪の増加などがある。いわゆる物心両面にわたる都市の砂漠化現象だ。

こうしていま、人間的な生も、人間的生の場も、ともに経済的利益追求と物的欲望の満足優先のもとで、本来あるべき多様で広い可能性に満ちた姿を失っている。私たちは人間の必要と満足の意味づけを変えるという作業に取り組むとともに、本来の人間的な生を保障しうる生活空間＝場の形成に向かわなければならない。そのような場がない限り、人間的な生もありえない。

このように近代社会は、市場経済の論理をあまりにも優先させ、生活世界を壊し人間的生活を制約した。

ウイリアム・リースも『満足の限界』のなかで、資本主義も「管理された」社会主義も、結局はともに工業的生産の拡大と物的満足に多大のエネルギーを費やし、際限のない自滅的な幸福追求の道を歩んできた、物的な満足ないし経済的幸福はいわば部分的幸福・過去的幸福であり、その種の満足の限界を自覚し、新たな満足の可能性へと広がっていくことが大切だ、と主張する（文献61）。

4　三つの価値とアグリ・ミニマム

経済・生態環境・生活

以上述べたように、比較優位性の原理による国際分業論、ケインズ経済政策論に基づく考え方は、二一世紀の経済学・経済思想として大きな欠陥を持っている。すなわち、①比較優位性の原理には外部性の不在が前提されており、環境問題すなわち人間と自然の問題について無力である、②農業生産に付きまとう自然的地理的条件を軽視する「没場所性」を促進する、③世界の各地域の持続性を失わせ、都市と農村を離反させ、それぞれの住民の真の豊かさ、トータルな満足を制約している、などである。

工業化、都市化を特徴とする近代経済社会は、多くの場合農業・農村の特性とは異なる方向で社会編成がなされる。ロビンソンや青木昌彦らは、経済学が古典物理学的な時空概念を無媒介に適用し、地域の概念を無視し、工業中心の学の体系化を進めてきたとする。

場所の問題について深く考察した先述のレルフは、近代の経済システムの圧力のもとで、人間が次第に変化し効率のみを重んじる画一化された「単純な存在」となっていったとしている。個々の人間だけでなく、経済理論の抽象概念によって社会や景観が発展し組織化される仕方についてのガイドラインにされ、多様性を均質性に、経験的秩序を概念的秩序に置き換えた。それどころか、経済理論にとって「場所へのセンスや場所への愛着は単に重要でないだけでなく、それらをまさに欠如することが経済的利点であり、空間的効率をもっと大きなレベルで達成することができるように没場所性が追求され」、そのような技術が優先されたとさえいっている。

宇沢弘文は「農業に対する保護を撤廃して、自由貿易の落ち着く先が、一国の望ましい農業の規模と形であるというのは、新古典派の作りだした一つの虚構に過ぎない」と述べている（文献62）。また宮崎義一も、現代を特徴づける経済の国際化と多国籍企業の展開は、決してそれ自体、現代の経済問題や環境問題を解決するものではない。むしろより深刻な競争関係、貧困の蓄積と固定化、地球環境の荒廃へと導く可能性が高い、と見通している。

これらのことから私は、第1章で述べたように、二一世紀社会ひいては農業・農学の方向は、単に経済価値を優先し、内外価格差のみを主要な判断基準として農業・農村の盛衰を運命付けるのではなく、三つの主要な価値つまり「経済価値」、「生態環境価値」、「生活価値」の調和的達成こそ、新たな人間活動と科学のパラダイムとならなければならないと考える。

新たなアグリ・ミニマム論

私は長年、このような価値を調和的に実現・維持するため、それぞれの国や地域の農業にはその守るべき下限（Agri-minimum）が設定されるべきではないか、そしてそれと連動して工業にも守るべき規範ないし上限（Indus-maximum）があるのではないか、との問題提起をしてきた（文献15）。それは地域自給論にも波及していった。食料・農業・農村基本法の本文には自給率の問題は盛り込まれなかったが、基本法に基づく最初の基本計画の中には、少なくともカロリーベース四五％の食料自給の理念と計画が入れられた。新しい民主党政権は、五〇％自給を掲げている。

農業の下限を理論的に提示することは難しい。しかし概括的にいえば、これからの経済社会の課題が、本書でくりかえし述べてきた三つの価値の調和的追求、持続的地域の形成にあるとすれば、少なくとも五〇％程度の自給率を維持することを世界に宣言しても、いささかも無理難題とは思われない。その上で、最大可能な農業の生産性向上を目指し、残りの五〇％は自由貿易の舞台に乗せ、国内における経営の自由競争性を高める措置が必要ではないか。五〇％の自給率についてどの品目をどれだけ自給していくかは、難しい問題も含むが、国内で検討し選択すればよい。今こそ、こうした新たなアグリ・ミニマムへの思い切った踏み出しが必要である。

しかも世界は新たな展開を示し、日本農業をとりまく環境も大きく変化してきている。先にも述

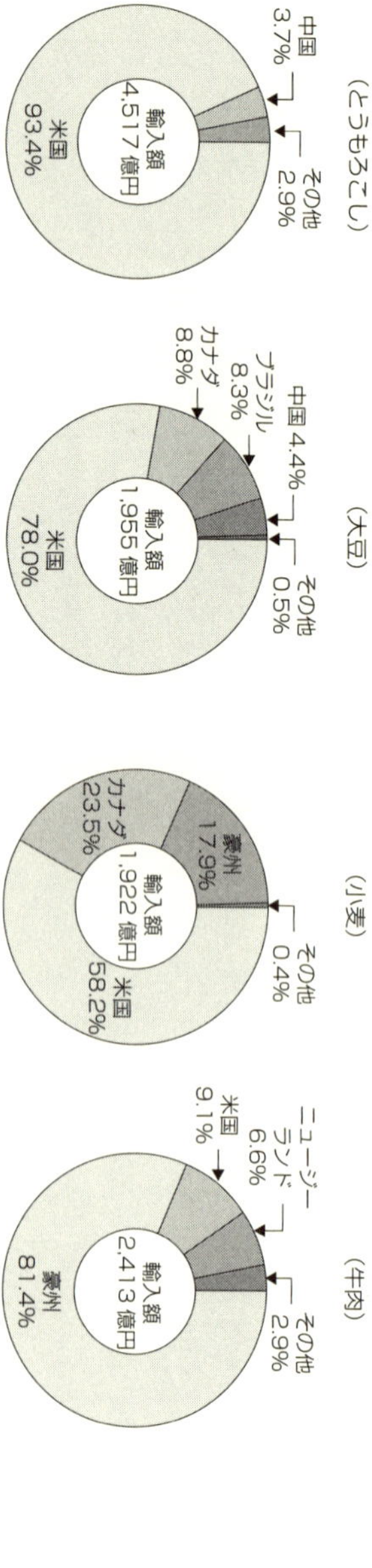

図48　主な輸入農産物の国別割合（2007年）

出典：農林水産省「食料・農業・農村の動向」2008年版，79頁。
資料：財務省「貿易統計」

べたように、かつてアメリカは日本の集中豪雨的な輸出に悩まされ、膨大な貿易赤字を抱えてきた。当時対日貿易赤字の比率は一九八〇年代から九〇年代にかけて四〇～五〇％に迫ったのである。しかし二〇〇九年現在、その比率は一〇％台に低下し、代わって中国が三〇％台となり、さらに膨らむ気配である。アメリカの、それも世界の大量の穀物を扱う巨大商社の恫喝におびえて、農産物の大半をアメリカから輸入する必要は著しく低下したのである。

日本の農産物輸入は、図48に見られるように、アメリカに大きく依存しているが、その比率を引き下げ、今後は輸入を求める途上国にも門戸を広げる必要がある。中国などに比べて、アジア諸国とのＦＴＡ（二国間貿易協定）やＥＰＡ（複数国間貿易協定）締結の推進の遅れが目立っている。今こそ工業製品の輸出先、農産物の輸入先の多角化・安定化を進め、さらには日本農産物の輸出をも模索する好機なのである。そして同時に、ＷＴＯ（世界貿易機構）等世界貿易のあり方にメスを入れ、「場所性」の復権を主張すべきである。

国際化とは、お互いにその個性を捨てて妥協を積み重ねていくことでもなく、ただ国際分業を拡大していくことでもない。私たちはそれぞれの地域において、経済的価値、生態環境的価値、生活価値、すなわち総合的価値を追求し、真の人間的幸福、望ましい人間と自然の関係を構築すべきではなかろうか。そしてそのようないわば持続的な地域がそれぞれに形成され、地球的規模で連鎖していくことが重要ではなかろうか。そのとき地球環境問題も解決へと向かう。地球環境の前に地域環境が語られねばならない。

5　持続的地域社会の形成と世界的連鎖

同時に私たちは、世界の社会経済の同一性と差異性・多様性等を包括的に認識しつつ、思考と実践を地域からそして地球規模へと広げ、最終課題としての経済社会の「持続性」Sustainability 達成への足がかりを掴むべきである。

こうして私たちは、第1章で述べた現代社会が目指すべき主要な価値、すなわち経済価値、生態環境価値、生活価値の三つの価値を最も効果的な形で調和させ、いわば最大可能な総合的価値を追求することが、農業・農村ひいては現代社会、さらには現代世界の課題であり、二一世紀の主要なテーマである。このような、それぞれ個性的持続的な地域の世界的規模での連鎖こそが、地球環境を守り、望ましい経済と生活を保証すると思われる。

農村地域社会も、日本の場合、有機的なシステムとして独特の地縁社会を形成してきた。長い間流域社会経済圏において、上流域は下流域のことを考えた森林・農地・水の管理をしてきた。私たちは日頃気づかないが、日本の大地に刻印された二次的自然の形状は、上下流を結ぶ有機的な地域システム、底流にある「地域の思想」「流域圏の思想」を抜きにしては語れない。

これまで述べたように、各国の農林水産業の事情は、歴史的段階、地理的条件、規模拡大可能性などによって異なるが、食料の過度な他国依存は、他国の環境破壊を意味する。二一世紀は環境問題が重くのしかかる世紀であり、人間の真の豊かさを求める世紀であるとすれば、単に内外価格差に反映された市場原理を優先させる貿易関係でなく、自国資源の十分な利用、それぞれの地域の自立性、独自性、持続性の追求を心掛けることが責務となってくる。ここに地域そして結果的に地球規模の持続性を考えた「世界農林業・森林の適正配置」が構想される必要があると考える。

今後は、市場原理優先によって生じた「市場の失敗」としての環境・公害問題、農林業・森林の多面的機能の軽視などを反省し、貿易関係の中に、市場原理に加えて生態環境の原理、人間生活の原理を導入し、三つの原理の調和した貿易関係の確立が必要になると考える。単純な国際分業論は、もはや過去のものに他ならない。

未だ小さな芽に過ぎないが、内外のそれぞれの地域において、消費者による環境保全と食品の安全を求める活発な運動、有機農業に向けた実にさまざまな農業者の取組み、生産者と消費者の提携や都市・農村の交流、地域自給の運動、水源保全を目的とする上流と下流地域の結合、また価値観の変化を反映して自然のリズムと人間的な生活を求める農村的なものへの回帰、子供たちの自然・農業体験学習、若者の農業・農村へのＩターンやＵターン、定年帰農、生命の重視と生物多様性の尊重、さらにこれらの国際的な広がりと結びつきといった事実が、広範に認められることを注目しておきたいと思う。

第10章　農業と文明のゆくえ

――「着土」の世界へ

1　文明の現実

本章では、超長期の人類史的な、いわば文明史的な見地から、農林業と食、自然と人間などの関係について検討してみたいと考える。このところ生命、自然、生態系、地球といった極めて大きな観点から議論を展開する論稿が増えている。それは経済のグローバル化とともに、地球規模の温暖化がしだいに現実的な脅威として、われわれの前に姿を現しつつあるからである。

二〇〇七年、国連機関が世界の多数の研究者を動員して、地球温暖化の原因について調査したが、その主たるものが人為的な要因であるとの結論を下した。他方、洪水、地震、津波、竜巻、台風、山林火災等、これまで経験したことのないような相次ぐ大規模な自然災害が、世界各地で頻発しているのである。また二〇〇七年夏には、北極海の氷がかつての三分の二に縮小するほど、広範な氷山溶解が進んでいることが明らかになった。専門家の間では二一〇〇年頃に起こるとされていたことが、およそ一〇〇年早く現実となったのである。

地球温暖化は、予想をはるかに超える、恐るべきスピードで進みつつあるといってよい。産業革命以後の近代科学技術文明が、人間生活の豊かさを支え、増進してきたはずであったが、ここに来て人類の存亡を決定付けるほどの大きな壁に直面しようとは、まったく予想できなかったことである。地球環境問題などというが、地球そのものにとっては、その長い歴史からすれば、新しいわずかな変化が再び生じつつあるといった程度のことである。しかし人間にとって、また生物界にとっては、生存そのものに関わるほどの脅威である。宇宙船人類号は、人類自らが「発展」と信じた文明の果てに、大きな危機と恐怖の時を迎えているのである。

本章では、まず人類の局地的な文明盛衰の跡を、土ないしは農林業と自然に関係付けて概観し、全地球的規模の現代文明の実態と歴史的意味を考えるとともに、人類と他の生物の未来をどう展望するかについて考えたい。一般に文明の定義は必ずしも確定していないが、ここで文明とは、都市の形成と技術の高度化に支えられた社会システムとしておきたい。また文化は耕す culture を語源とするが、自然風土を基礎とし、その上に築かれた農耕を中心にした生活様式の総体である。文明は文化を核とする、その発展形態であると考える。

2　文明の興亡と大地自然

本章に関連して、さしあたり「土と文明」という視点から書かれたV・G・カーター／T・デールの『土と文明』、湯浅赳男の『環境と文明』等が参考になる（文献63、64）。以下は多くこれらの文献に負うている。地球誕生の頃は、まだ地球には土も生物も存在しなかった。一般的な見方では、およそ二〇億年前海洋に生物が現れ、三・五億年前に陸地に原始動植物が現れた。その動植物の営みが土壌を生み出し、堆積して、多数の生物が生息するようになり、やがて人間が現れたのである。当初人間も、他の生物と同じく、全く自然環境に順応するほかなかった。しかし人間はしだいに進化し、道具を作り、自然を変え、やがて社会と文化を形成し、文明と呼びうる人工的世界を作り出すに至った。

しかし諸文明は、カーター／デールによれば、長続きせず、せいぜい数世代、期間にして二〜三世紀程度しか持たなかった。人間は恵まれた環境を探し、そこに定着すると、やがて人口が増え、樹木や動植物を利用し、ついには枯渇させる。当初あった豊富な資源、肥沃な土地は、しだいに自然更新の速度を越えた人間の消費によって、自然破壊の様相へと変わる。樹木を切り、家畜を放牧し、魚や動物などの野生生物を狩猟し、有用植物を採取する。豊富な資源に囲まれて人口が増えれば増えるほど、自然収奪の様相と速度は速まり、奪い合いとなり、資源は希少化して行く。

採集狩猟から進んで初期的な栽培・育成の段階を迎えても、やがて過放牧・過耕作によって、森林の枯渇、土壌の流亡・劣化を引き起こした。その繁栄の時を迎える頃には、鬱蒼とした森林、肥沃な土壌は見る影もなく、ほとんど不毛の地と化し、そこでの低水準の生活に甘んじるわずかな人々を残し、多くは別の土地へと移動していった。移動先は当然、最初に選ばれた最も豊富な自然の地と思われた所よりも劣る場所であるほかはない。近傍に新たな土地が見つかる間はまだ移動によってその社会は保たれたであろうが、いずれは枯渇する自然資源とその争奪戦によって、それぞれの文明は滅びの時を迎えるのである。こうして文明は興亡を繰り返した。

そこからもう一段レベルの高い文明を形成させたもの、あるいは文明らしい文明を形成させたのは、灌漑農耕の発見であった。これによって生産の安定、ひいては社会の安定が格段に高まったのである。その文明とは、カーター／デールによればオリエント文明であり、ナイル流域、メソポタミア、インダス流域の三つであった。そしてそこは①地味が肥えている、②灌漑による水利が可能、③土地が比較的平坦で土壌流亡が少なかったこと、特に③が重要であったとしている。文明の興亡について、歴史家たちは他のさまざまな要因、たとえば「戦争、風土の変化、道徳の退廃、政治の腐敗、経済破綻、民族の堕落、劣悪な指導」等々を挙げる。しかし最も大きな根本的要因は、「土壌」に代表される自然の健全な保持ができるかどうかではなかったか、というのがカーター／デールの結論である。

3　いくつかの大きな文明の帰結

オリエントの文明

人類史の上で、近代文明の前にも、いくつかの大きな、かつかなり長期の文明が栄えた。オリエント文明はその一つである。オリエント文明はナイル河流域のエジプト文明、チグリス＝ユーフラテス流域のメソポタミア文明等に代表されるが、今その文明の主要な帰趨を見よう。

チグリス＝ユーフラテス河流域に栄えたメソポタミア文明は、エジプト文明に並ぶ最古の文明であるが、それを支えたのは治水と灌漑システムによる農耕の発明であった。それまでの氾濫原農業（河川の周期的氾濫を利用して行う農業生産）に代わり人工水路等によって治水に努め、灌漑し、安定した小麦その他作物の収量を確保しうるのである。紀元前四世紀から三世紀頃すでに犂が現れ、農事暦が作られていた。それは七月の灌漑準備作業に始まり、除草―犂耕と砕土―播種―灌水作業―刈り取り―脱穀と、年間の作業手順が進んでいく。

この灌漑農業による、それまでよりはるかに安定した生産力によって、人口増加が見られ、余剰による蓄積の増加は農耕以外の工業的生産を支え、発達させた。そこには当然新たな階層化を伴う社会システムが登場し、支配層とそれを支える市民が集まって都市が形成される。こうして強大な王の支配する都市国家が生まれたのである。

こうしたシステムが出来ると、さらに技術の改良が行われ、改良が進めば人口増加につながる。人口増加が進めば、その圧力でいっそうの農業開発が必要となり、周辺の自然の許容能力を超える生産が余儀なくされる。こうしてしだいに土壌の劣化ないしは塩化を招く。日本のような水の豊富な地域はともかく、乾燥、半乾燥地域では、少ない水を灌漑に利用するため、排水を含む水の流れは少ない。また地下水の利用の際も水の流れは生じない。水の流れを伴わない水利用は、やがて塩類集積を結果し、塩害による土の劣化、農業生産力の低下、そして都市文明の行き詰まりが浮上してくる。

もう一つメソポタミアの文明を行き詰まらせたものに、沈泥の累積があるという。湯浅によれば、沈泥は灌漑用水路を埋没させ、閉塞させ、灌漑農業の破壊と社会の衰微につながるという。河流が変わり、水はけが悪くなり、湿地や泥沢が出現し、長期的に見ると、支配者の修繕努力よりも自然環境の力が勝っており、廃村、廃市が生まれ、文明が衰微するという。

エジプト文明の場合は氾濫する水を灌漑水として導き、自然の循環を有効利用するので、チグリス＝ユーフラテス河の場合より、土壌劣化のスピードはゆっくりしている。インダス文明はほぼメソポタミアのそれに類似しているという。

またメソポタミア文明は、他方で、森林の破壊から衰微していく。オリエント社会は陶器製造、金属の精錬・加工、レンガ製造などに支えられてきたが、それには膨大な木材燃料が必要となる。また大量の建築資材や船の建造資材としても木材が需要される。当時レバノン山は鬱蒼とした森林に覆われており、特にレバノン杉は貴重な木材であった。ギルガメシュの神話（『森の記憶』二七～三四頁）に見られるように、フンババという森林の神は追い詰められ、殺害される。それは、文明に屈していく森の衰退を象徴している。レバノン杉の獲得は諸民族の争いの種となり、ついに枯渇していく。山地から草地となった場所には、山羊が放たれ、さらに増加して荒廃を続ける。今日、レバノン山の杉林は生きた化石のようにいくつか点在するが、ほとんどは土壌の流失の末岩山と化し、無残な姿をさらしている。「人は砂漠の建設者」という命題が、文明史の中に刻み込まれている。

こうして文明は、自然とのバランスを失い、とりわけ森林と土壌の荒廃を主要原因として、やがて滅亡の時を迎えるのである。

グレコ＝ローマ文明

「ローマは一日にして成らず」というが、ローマ文明は広くヨーロッパを覆い、影響を与えた文明であった。ローマ帝国も先のメソポタミアと同様、小農を土台とし、その生産物の余剰の上に、諸産業を興し、交易を広くし、都市文明を築いたのであった。

ローマ文明を支えた小農が生産するのは、小麦、大麦等の穀物のほか、広く商品として扱われたオリーヴ油、ブドー、イチジク等の果実、そして羊と山羊、豚などである。作物栽培と保水のための休閑を繰り返す二圃制の農耕に、牧畜を加えた経営であった。文明が発展するにつれ、貧富の差や人々の階層化が進み、その文明を根底で支えてきた小農はしだいに没落していく。帝国の域内にも、征服地の人々を奴隷として使用して農業経営を維持する地域、その力に依存して輸入に頼り始める地域等、さまざまであった。

寺院や劇場、公会堂、浴場、スポーツ施設等々巨大な建築物が立ち並び、工場では陶器、レンガ、タイル、金属器等が生産され、当時としては世界的に高い市民生活のレベルを保証するものであった。木材は建築、船舶の用材、そして工業用材、そのエネルギー源として、また生活燃料として大量に需要されただけでなく、羊と山羊の放牧等で森林はしだいに切り開かれ、森林資源が枯渇するようになる。一方貴族を中心に、市民はしだいに奢り、吐き出しては新たなご馳走に手を伸ばすというほどの、飽食の限りを尽くすようになっていた。弓削達はその「食卓の贅沢が精神を堕落させた」と書いている（文献65）。

森林の過剰な開発は環境を変え、以前より多発する洪水等によって土壌の流失を早め、農地や農業用水に影響を与え、その生産力を蝕んだ。農地はしだいに疲労度を増し、他方で増大する食料需要を賄うために、他地域からの輸入に頼る割合が増えた。都市の拡大は、特有の伝染病を多発させ、清潔な水の確保、汚物の処理を困難にしていった。むろん為政者はそれに対応する政策を採ろうとするが、それを上回る問題が山積したのである。

ローマ文明も、こうして徐々に衰退へと向かう。衰退の理由は、人によりさまざまに語られている。しかし最終的に衰退を加速させたのは、エートスの衰弱であったろう。巨大な地域を支配し文明を構築してきた高邁なエートスは、しだいに驕りの生活と弛緩した精神に腐食され、改革・再編の力や意欲も衰えていく。奴隷などへの依存を高める軍隊は、その活力を失っていく。こうしてローマ社会はしだいに自立性を失い、拡散し、初期の活力を喪失していく。ローマを語る多くの書籍は、森林の枯渇や土壌の荒廃と持久力の低下等の人為的自然的条件の他に、地球の気候変動、伝染病、驕りと甘さの増大に付け込んだ外敵の増大、内部の分裂、宗教的対立、キリスト教の容認によるそこへの人材の吸収、等々を挙げている。

その他、中国文明、イスラム文明等大きな文明の興亡、盛衰があったが、カーター／デールや湯浅赳男は前記と同様の視点から分析している。前章で述べたように、近代資本主義社会が登場するまでは、土地とその生産力を中心にした社会であり、とりわけこうした視点は妥当したといってよい。しかし近代の工業化、都市化の著しい社会では、農業と工業、都市と農村、人間と自然は、より複雑な相貌を現してくる。

4　現代文明の展開と帰結

ヨーロッパ近代文明の登場

以上において、過去の文明について述べてきたが、産業革命以後のいわゆる近代文明について検討したい。

これまで見たところでは、過去の文明は、前述のさまざまな要因のどれか、あるいは複合的な原因によって衰退、滅亡していくといってよい。とりわけ先に紹介した論者たちは、農業生産を支える土と自然のありように注目している。いずれの文明もその成功の暁に自然を破壊し、最も主要な社会の物質的基盤である土の生産力を疲弊させ、ついに衰退の過程をたどった、と述べている。ただその場合、自然破壊の問題は局地的であり、地球全体から見れば、大気の汚染も汚染物質の垂れ流しも、ごく一部の地域に生じた問題に過ぎなかった。そしてその地の文明が滅びるのみである。地球全体としてみれば、いまだ自然破壊や汚染の吸収能力に問題はなかったといえよう。今日のように地球規模の思考はほとんどなかったし、必要もなかったといってよい。

しかし近代に入り、工業化社会、都市化社会となり、それがヨーロッパからしだいに世界的な広がりを示した時、人類活動とその存続について、根本的な疑問が生じてきたのである。近代社会は、いうまでもなくアダム・スミスの『国富論』に象徴されるように、市場原理を最優先する資本主義社会の登場と位置づけられよう。資本主義に象徴される近代社会とは、人間と自然を明別する視点から、人間生活向上のための自然克服の思想、そしてそれを支える科学技術が発達・普及する社会といってよいであろう。それは大規模な工業発展、巨大な都市社会の形成として具現している。

M・ウェーバーは、これを「魔術的世界」から「計算合理的世界」への変化と述べている。農学の祖テーアは、近代の特徴である「合理的」ということについて、「計算、熟考、理性、本質、計画」といったキーワード群で表されるとしている。これらは、ウェーバーはじめ多くの論者が指摘するように、社会がキリスト教を中心にした中世的・神学的なくびきから離れ、科学的真理と人間本来の自由を基盤とする社会への転換と認識された。

中世的くびきから脱した近代科学を、方法論的に基礎づけ方向づけたのは、ベーコンとデカルト、そしてニュートンなどであった。そのため近代科学の体系は、デカルト＝ニュートン・パラダイムなどと呼ばれている。

近代科学の背後には、上記の人たちに代表される人間中心的な「自然支配のイデー」がある。実験によって自然を解剖し、人間の「力ある知」によってこれを利用し、支配し、自然の上に「人間の王国」を建設しようとするものである。ベーコンにとって、自然は人間によって征服されるべきものであり、科学技術はそれを可能にし、また人間だけが創出しうる高度の武器だったのである。デカルトは、この世界から色や匂い、味などの質的なものを排除し、また生命や意識を除去し、すべてを物質＝延長（ひろがり）に還元し、自然を一種の機械とみなす「機械的自然観」に立脚している（文献66）。またニュートンは、力学体系を軸とする近代物理学の創始者である。こうして近代科学は、自然を対象化して人間と切り離し、それを機械とみなした。人類は主として物理学を基礎に、巨大な文明的所産を形成するに至るのである。

ヨーロッパ工業文明の世界化

このような近代思想の経済学における表現が、スミスの『国富論』である。それは封建社会の終盤に現れた重商主義の思想を根本的に断罪するところから始まる。重商主義が価値を置いたのは、王を中心とした貴族や商人を豊かにする貨幣であり金銀財宝であった。しかしスミスが価値を置いたのは、国民一人一人の日常的生活用品であり、その広範な普及、その結果としての「普遍的富裕の社会」であった。そして価値を生み出すのは商業ではなく、人々の労働であるとしている。そしてその背後にある思想は、よい意味での利己心の解放された市民社会、ないしは「自然的自由の制度」であるとする。ここにおいて、資本主義は封建的社会から人々を解放する、新たな近代社会としてスタートしたのである。

資本主義社会が発足してからの歴史は、工業と都市の巨大化、資本と労働の対立、景気波動や周期的恐慌、社会主義社会の登場、都市と農村の対立、先進国と発展途上国の対立、そして大小の戦争など、変転極まりない。また国際化の一方で、民族間紛争は多発し、宗教上の対立もいっそう激しくなっているように見える。しかし、幾多の変質や変化を経て、今世界がたどり着こうとしているのは、市場原理を核とする資本制社会の極致点とも言える場所である。そしてナショナリズムの限界を超えて、世界の政治、経済、通貨がおそらくは一つになるかもしれない、最終的な国際化の途上にある。ヨーロッパに起った大規模工業化・市場化・都市化を特徴とする近代文明は、およそ二世紀をかけて世界化したのである。そして同時に、膨大な物的消費は、二一世紀の最大問題といわれる地球規模の環境問題に直面しているのである。

その意味で、これまでの盛衰を繰り返してきた局地的文明と異なり、ヨーロッパに始まる近代文明こそは、まさしく地球規模で、人類そのものの存亡に関わる、全く新たな課題を抱えた文明といえよう。いわば現代は、全人類がその課題を乗り越え、存亡をかけた人類最後の文明を作り出すべき段階にあるといえよう。

シュペングラーの『西洋の没落』

こうした現代文明の限界は、別な形で、すでにシュペングラーの『西洋の没落』に語られている（文献67）。それは一九一八年、第一次世界大戦の終わりに出版された。

シュペングラーは、近代文明だけを問題にしているわけではない。巨大都市の誕生＝文明と捉え、その誕生とともに文明は栄え、まもなく滅びの時を迎えると説く。しかし巨大都市と農村を周辺にもつ小都市とは区別している。その主張の概要は、「西洋文明の没落は一つの運命である。文化は発展して文明となり、土、故郷はなくなってメガロポリスが発達する。誰も彼も文明人となるのである。それから戦争が起こる。人類を絶滅させる武器が発明され、貨幣が思想を支配する」、そして西洋文明は二一世紀に滅びる、というものである。大都市の特徴を、「知能」「科学」「市場や貨幣」などに置いている点で、優れて近代文明の運命に迫る視点といえよう。

なぜ文明は、とりわけ近代文明は滅びなければならないのか。そもそもどのような文明であれ、植物や動物、星辰に至るまで、同じように誕生し、成長し、壮年となり、ついに老いて死ぬ、という循環・滅亡思想を展開している。もともと「人間は流浪する動物で、……場所に束縛されず、故郷もなく、鋭敏で臆病な感覚を持ち、たえず敵である自然から何物かを取ろうとしている」。いわば採集狩猟段階から、やがて「深い変化は農業とともに生じた。というのは、……耕したり鋤いたりする者は自然から強奪しようとするのではなく、自然を変えようとするものである。植えるということは何物かを取ることではなく、何物かを生み出すことである。しかしこれとともに人間自身植物になる。即ち農民になるのである。人はその耕すところの地面に根をおろす。人間の魂は土地の中に一つの魂を発見する。存在は新たに土地と結合し、そうして新しい感情が現れてくる。敵なる自然は友となり、土は母なる大地となる。播種と出産と、収穫と死と、子供と穀粒との間に深い感じの関係が生ずる。新しい敬虔の念が大地崇拝の形を取って豊かな土地に向けられる。この土地は人間とともに成長していくのである」。

都市と農村――土から離れ、滅びる文明

ところが、都市の発達とともに事態は変わり、それぞれの場所と農民的生活が一体となった文化は、やがて文明へと展開する。ただ小都市については、「いなか都市という非常に意味深い名称の下に、……田舎の一部となる」。しかし巨大都市として展開し始めると「あくことなく、いつでも新しい人間の流れを要求し、これをむさぼりくい、農村を吸いつくし、とうとう自らほとんど住民のない荒野のまんなかで疲れはて、そうして死ぬ」という。そして科学等に支えられ、「知能」にたけた大都市は、その勝利を確実にし、ある意味で「土から解放される」が、同時にそれは「土地から離れ、土に付着する農民には分からないもの」になり、「自ら没落していくのである」。

こうしてシュペングラーは、大都市が農村的な文化を文明へと押し上げていくが、やがて土から離れることで、滅亡へと向かう道筋を論じたのである。私の見方では、この視点は極めてドイツ的な視点であり、ドイツ都市・農村関係史の中に脈々と流れる中小都市・農村一体論の範疇にある。そしてシュペングラーもまだ、西洋の没落は論じたが、地球規模の人類の運命については思い至っていない。

地球全体を蚕食する物欲と食欲

世界は人口爆発そして食の欲望充足に続いて、さまざまな工業製品の購入・所有という物的欲望の爆発へと進んだ。食欲の安定の次には、人々は増大する非農業就業人口の生み出す商品の山へとむらがった。物的欲望は、持てば持つほど膨らみ、満足感は遠ざかる。そしてそれを追いかけて、次々に新たな工業生産物が生み出され、高度工業化社会が出現した。いわば欧米諸国を先頭に、世界は食料飢餓の克服を経て、物的飢餓の時代へと展開したといってもよい。私たちは数多くの工業製品を生産・消費し、物的欲望の満足を追求した。経済の魔性に捉えられ、限りない欲望の淵に身を沈めたのである。

この高度工業化社会では、食生活と農業はどうなるのであろうか。それは端的にいえば、①穀物消費から肉類消費へ、そして②大量生産―大量消費―大量廃棄の現象をもたらすといってよい。

第1章で示したように、一般に工業化ないし所得の向上とともに一人当りの肉消費が増大する。しかも豚肉一キログラム生産するにはトウモロコシを約六キログラム、牛肉は約八キログラム、鳥肉は約二キログラムの飼料が必要とされ、カロリーでも数倍を必要とし、一人当り必要な農地あるいは牧草地・放牧地は急増する。いずれにしても広大な農地が必要となり、森林、湿地、遊水地、マングローブ地域等の農地化が進む。

また石油資源の枯渇、CO_2排出による地球温暖化に対応するため、二一世紀に入ってバイオエネルギーが注目され、トウモロコシ等バイオエタノールの生産に回る穀物が大幅に増加した。これによって、二〇〇七年以降穀物価格が急速に上昇し、食料とエネルギーの競合関係が明白となってきた。そして今後、食料生産や工業原料生産以外の要因によっても、農地開発が促進されるであろうことが明らかになった。

他方、日本をはじめ先進諸国は、世界中から食料品を輸入して飽食の極にあるが、同時に大量の廃棄をも伴っている。この大量消費―大量廃棄は、①家庭の食卓から外食の拡大へ、②自給から経済力にまかせた輸入へ、③食生活の中の倫理感の喪失、④農業教育・食教育の喪失、といった事態の中で起こってきた。さらに、現代の消費者は美味なものを要求するが、そのばあい多少収量を犠牲にしても、そのニーズに応えることが多く、ここでもエネルギーロスが起こる。

このようにして、近代文明は、これまでの古代以来の諸文明と同じく、森と土を蚕食し、さらには工業の飛躍的発展によって、陸海を問わず各種資源を枯渇させつつある。しかもその規模において、地球環境の決定的な変化を招来することが明らかになっている。もはや地球環境問題は、後のない事態となっており、文明の根底的転換、文明を支えるシステムの本質的パラダイム転換か、さもなければ滅びの道を行くかの地点を迎えることになろう。

5　大地・自然をベースにした「着土」の文明へ

これまで古代文明の盛衰には、森の破壊と農地の劣化という人為的要因が根底にあるとの見方を提示してきた。そして現代文明においては、膨張する工業と都市に加え、人口爆発、旺盛な食欲、そして膨大な農地開発、場所性を容認しない市場原理主義が地球環境問題という形で、いよいよ地球規模で人類の存亡に関わる事態へと進んできていることを明らかにした。

近代以降の巨大都市化、大規模工業化は、大地自然を脅かし、場所性を超えることによって現代文明を最高度に発展させたが、同時にそのことによって私たちは滅びの道を進んでいるといってよい。いみじくも発展経済学者ロストウは、工業化を「離陸」と呼び、その推進によって豊かさの実現ができるとした。現代文明は土（大地自然）から離れ、自然征服幻想の上に展開したとも言える。

今や私たちには、大地自然、農業農村をベースにした文明の再構築が望まれる。単に自然に抱かれ、自然に叱られ、自然とともに生きるいわゆる「土着」の思想に戻ることはできないとしても、改めて自覚的に土に着く「着土」の思想が、経済社会の根底に置かれる必要がある（文献68）。地球を語る前に自然・風土を背負った地域があり、それぞれの仕方で具体化された持続的地域が世界へと広がり連鎖していく発想が未来を開くことになろう。

【参考文献】

(1) 田村真八郎報告『自然と人間を結ぶ』農文協、一九九七年一二月号。農水省「二〇〇〇年度農業白書」二〇〇一年、二五頁。
(2) P・R・エーリッヒ『人口が爆発する』水谷美穂訳、若林敬子解説、新曜社、一九九四年、一三三頁。
(3) 祖田修・大原興太郎編『現代日本の農業観』富民協会、一九九四年。
(4) 朝日新聞社編『環境学がわかる』一九九四年、二二頁、三四頁。
(5) L・フェリ『エコロジーの新秩序』(加藤宏幸訳)法政大学出版局、一九九四年。
(6) 祖田修編『大地と人間』放送大学教育振興会、一九九八年。
(7) ビー・ウィルソン『食品偽装の歴史』高儀進訳、白水社、二〇〇九年。
(8) H・ハウスホーファー『近代ドイツ農業史』三好正喜・祖田修訳、未来社、一九七三年。
(9) E・ミルストン、T・ラング『食料の世界地図』大賀圭治監訳、丸善、二〇〇九年。
(10)『食生活データ――総合統計年報』アーカイブス出版、二〇〇八年。
(11) 岩佐勢一による石塚左玄に関する諸研究。
(12) 宮永昌男・祖田修『経済政策』京都啓文社、一九七七年。
(13) 渡部忠世『アジア稲作文化への旅』日本放送出版協会、一九八七年。
(14) 祖田修『都市と農村の結合』大明堂、一九九七年、二一九頁。
(15) 祖田修『コメを考える』岩波新書、一九八九年。
(16) 農政調査会編『食料・農業・農村基本法関係資料一巻』二〇〇〇年、二三一～三頁等。

(17) 小国弘司『家政学原論』明文書房、一九七八年。
(18) 塩見直紀『半農半Xという生き方』ソニーマガジンズ、二〇〇三年。
(19) 坂本慶一編著『人間にとって農業とは』学陽書房、一九八九年。
(20) 祖田修『市民農園のすすめ』岩波ブックレット、一九九二年。
(21) 祖田修『農学原論』岩波書店、二〇〇〇年、三章。
(22) 乗本吉郎『イナカ再建運動』日本経済評論社、一九八五年。
(23) 詳細は、日本学術会議特別委員会「地球環境・人間生活にかかわる農業・森林の多面的な機能の評価について」二〇〇一年一一月。
(24) 上記文献は後に、祖田修・佐藤晃一・太田猛彦・隆島史夫・谷口旭編『農林水産業の多面的機能』農林統計協会、二〇〇六年、としてやや形を変えて刊行された。
(25) 食料・農業研究センター『OECDリポート・農業の多面的機能』二〇〇一年九月、ほか。
(26) 石井圭一解題・翻訳『農業の多面的機能―フランスにおける議論』(のびゆく農業九〇七、農政調査委員会、二〇〇〇年。
(27) 作山巧『農業の多面的機能を巡る国際交渉』筑波書房、二〇〇六年一月。
(28) 祖田修「農業経営発展の環境条件」『協同農業研究会会報』五七号、協同農業研究会、二〇〇一年九月。
(29) 妻小波「漁業から海業への転換」祖田修監修『持続的農業農村の展望』大明堂、二〇〇三年、一八三頁。
(30) 『お～イノシシ』team4429とその仲間たち編、福井県立大学県民双書七号、二〇〇八年。
(31) Ed. by Paul S. B.; *The Rights of Nature*, The University of Wisconsin Press, 1989.
(32) デズモンド・モリス『動物との契約』(渡辺政隆訳)平凡社、一九九〇年。
(33) 尾崎和彦『ディープ・エコロジーの原郷』東海大出版会、二〇〇六年。

(34) C・ダーウィン『種の起源』（堀伸夫・堀大才訳）槙書店、一九九八年。

(35) 今西錦司『生物社会の論理』平凡社、一九九四年。

(36) 祖田修『鳥獣たちと人間』（ブックレット）農耕文化研究振興会、二〇〇六年。「共生とは何か—相互交渉と形成均衡」『学術の動向』四巻七号、日本学術会議、一九九九年七月。祖田修「野生動物との共存とは—農業生産の現場から」『エコソフィア』六号、昭和堂、二〇〇〇年一一月。

(37) Nark, R. ; *Animal Rights — A Philosophical Defence*, Macmilan Press LTD, 1998.

(38) ソローキン、ツィンマーマン『都市と農村』京野正樹訳、巌南堂書店、一九七七年。

(39) Wirth, L. ; *Urbanism as a way of life*, *American Journal of Sociology*, 1938, No.44.

(40) Galpin, C. J. ; *Rural life*, 1918, および同 *Rural social problems*, 1924.

(41) Howard, E. ; *Garden Cities of Tomorrow*, 1898、ハワード『明日の田園都市』長素連訳、鹿島研究所出版会、一九六八年、四五頁。

(42) Fritsch, T. ; *Stadt der Zukunft*, 1896.

(43) Schmidt, R. ; *Denkschrift betreffend Grundsäze zur Aufstellung eines General-Siedlungsplanes für den Regierungsbezirk Düsseldorf*, 1912.

(44) W・クリスタラー『都市の立地と発展』江沢譲爾訳、大明堂、一九六九年。

(45) W・レプケ『ヒューマニズムの経済学』喜多村浩訳、勁草書房、一九五四年。

(46) Barner, J.: *Einfuhrung in die Raumforschung und Landesplanung*, 1975

(47) Federal Ministry for Regional Planning, Bildung and Urban Development: *Synopsis of Spacial Planning Objectives of Europian Countries*, 1994.

(48) 日本子どもを守る会編『子供白書』各年版。

(49)　樋上平一郎『無尽蔵』一九六六年、三三頁。
(50)　三木清『三木清全集』七巻、岩波書店、一九六七年。
(51)　小林澄兄の諸著作『労作教育思想史』玉川大学出版会、一九七一年等。
(52)　加藤一郎監修『教育と農村』地球社、一九八六年。七戸長生『農業の教育力』農文協、一九九〇年。
(53)　Pestalozzi, J. H. ; *Wie Gertrud ihre Kinderlehrt*, 1801.
(54)　ベイリ『自然学習の思想』高儀進訳、明治図書出版、一九七五年。
(55)　アダム・スミス『国富論』岩波書店、杉山忠平訳、二〇〇〇年。
(56)　大塚久雄『著作集』一一巻、岩波書店、一九八六年。
(57)　こうした理論については、伊藤元重・大山道広『国際貿易』岩波書店、一九八五年。兼光秀郎『国際経済政策』東洋経済、一九九一年、など。
(58)　J・M・ケインズ、塩野谷九十九訳『雇用、利子および貨幣の一般理論』東洋経済、一九五五年。伊東光晴『ケインズ』岩波書店、一九六二年。宮永昌男・祖田修『経済政策』啓文社、一九七七年など。
(59)　E・レルフ、高野岳彦他訳『場所の現象学』筑摩書房、一九九一年。
(60)　坂本慶一「農業における価値の問題」『農林業問題研究』一五巻三号、一九八一年九月。
(61)　W・リース著、阿部照男訳『満足の限界』新評論、一九八七年。
(62)　宇沢弘文『近代経済学の展開』岩波書店、一九八六年。
(63)　カーター／デール、山路健訳、『土と文明』家の光協会、一九九五年。
(64)　湯浅赳男『環境と文明』新評論社、一九九三年。石弘之・安田喜憲・湯浅赳男『環境と文明の世界史』洋泉社、二〇〇一年。
(65)　弓削達『ローマはなぜ滅んだか』講談社、一九八九年。

(66) 藤沢令夫「いま自然とは」『転換期における人間2―自然とは』岩波書店、一九八九年。
(67) シュペングラー『西洋の没落』村松正俊訳、五月書房、二〇〇一年。
(68) 祖田修『着土の時代』家の光協会、一九九九年。同『着土の世界』二〇〇三年。
(69) 伊東俊太郎編『比較文明学を学ぶ人のために』世界思想社、一九九七年。
(70) 田中淳夫『田舎で暮らす』平凡社新書、二〇〇六年。
(71) 滝井宏臣『農のある人生』中公新書、二〇〇七年。

※文献は、引用したもの、参照してほしいものの両方を含む。

【著　者】

祖田　修（そだ　おさむ）
1939年島根県生まれ
1963年京都大学農学部農林経済学科卒業
農林省経済局、龍谷大学経済学部、京都大学大学院農学研究科教授、放送大学客員教授、福井県立大学学長、日本学術会議第6部長、日本農業経済学会会長、農水省食料・農業・農村基本問題調査会農村部会長等を歴任。
京都大学名誉教授、福井県立大学名誉教授。
専攻は農学原論、地域経済論。
著書『農学原論』（岩波書店）（同中国語版、英語版）、『地方産業の思想と運動―前田正名を中心にして』（ミネルヴァ書房）、『都市と農村の結合』（大明堂）、『コメを考える』（岩波新書）、『市民農園のすすめ』（岩波ブックレット）、『大地と人間』（編著、放送大学教育振興会）、『持続的農村の形成』（共編著、富民協会）、『着土の時代』『着土の世界』（家の光協会）ほか。

食の危機と農の再生
――その視点と方向を問う――

2010年　9月10日　　第1版第1刷発行

著者　祖　田　　修

発行者　高　橋　　考
発行所　三　和　書　籍

〒112-0013　東京都文京区音羽2-2-2
TEL 03-5395-4630　FAX 03-5395-4632
sanwa@sanwa-co.com
http://www.sanwa-co.com

印刷所／製本　モリモト印刷株式会社

ISBN978-4-86251-089-1　C3061

三和書籍の好評図書

Sanwa co.,Ltd.

耐震規定と構造動力学

—建築構造を知るための基礎知識—

北海道大学名誉教授　石山祐二著

A5 判　343 頁　上製　定価 3,800 円+税

●建築構造に興味を持っている方々、建築構造に関わる技術者や学生の皆さんに理解して欲しい事項をまとめています。

●耐震規定を学ぶための基本書です。

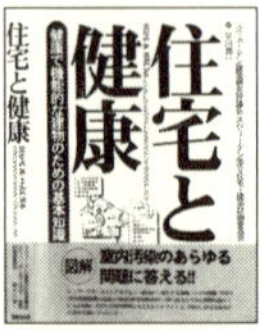

住宅と健康

<健康で機能的な建物のための基本知識>

スウェーデン建築評議会編　早川潤一訳

A5 変判　280 頁　上製　定価 2,800 円+税

●室内のあらゆる問題を図解で解説するスウェーデンの先駆的実践書。シックハウスに対する環境先進国での知識・経験をわかりやすく紹介。

バリアフリー住宅読本［新版］

<高齢者の自立を支援する住環境デザイン>

高齢者住環境研究所・バリアフリーデザイン研究会著

A5 判　235 頁　並製　定価 2,500 円+税

●家をバリアフリー住宅に改修するための具体的方法、考え方を部位ごとにイラストで解説。バリアフリーの基本から工事まで、バリアフリーの初心者からプロまで使えます。福祉住環境を考える際の必携本 !!

バリアフリーマンション読本

<高齢者の自立を支援する住環境デザイン>

高齢社会の住まいをつくる会　編

A5 判　136 頁　並製　定価 2,000 円+税

●一人では解決できないマンションの共用部分の改修問題や、意外と知らない専有部分の範囲などを詳しく解説。改正ハートビル法にもとづいた建築物の基準解説から共用・専有部分の具体的な改修法、福祉用具の紹介など、情報が盛り沢山です。

住宅改修アセスメントのすべて

—介護保険「理由書」の書き方・使い方マニュアル—

加島守　著

B5 判　109 頁　並製　定価 2,400 円+税

●「理由書」の書き方から、「理由書」を使用した住宅改修アセスメントの方法まで、住宅改修に必要な事項を詳細に解説。

●豊富な改修事例写真、「理由書」フォーマット記入例など、すぐに役立つ情報が満載。